普通高校继续教育"十二五"规划教材·安全工程

安全行为科学

罗　云　主编

北京航空航天大学出版社

内容简介

安全行为科学是研究人的安全行为规律与控制的学科。本书主要揭示人的行为模式，分析影响人行为的因素，包括心理因素、社会心理因素、环境因素、社会因素、生理因素等；研究人的安全心理和事故心理的控制和管理；论述基于安全行为科学的领导理论和行为激励理论；指出人的安全意识与安全行为的关系，提出安全行为科学的应用技术与方法。

本书既可作为安全工程本科专业的教材，也可作为企业安全管理人员和技术人员的学习参考用书。

图书在版编目(CIP)数据

安全行为科学 / 罗云主编. --北京 ：北京航空航天大学出版社，2012.8

ISBN 978-7-5124-0829-6

Ⅰ. ①安… Ⅱ. ①罗… Ⅲ. ①安全行为—行为科学 Ⅳ. ①X912.9

中国版本图书馆 CIP 数据核字(2012)第 114692 号

安全行为科学

罗 云 主编

责任编辑 周华玲

*

北京航空航天大学出版社出版发行

北京市海淀区学院路 37 号(邮编 100191) http://www.buaapress.com.cn

发行部电话：(010)82317024 传真：(010)82328026

读者信箱：goodtextbook@126.com 邮购电话：(010)82316936

北京市媛明印刷厂印装 各地书店经销

*

开本：787×1092 1/16 印张：10.5 字数：269 千字

2012 年 8 月第 1 版 2012 年 8 月第 1 次印刷 印数：3 000 册

ISBN 978-7-5124-0829-6 定价：24.00 元

普通高校继续教育“十二五”规划教材

安全工程系列教材编委会

序

随着贯彻落实《国家中长期教育改革和发展规划纲要》提出的培养人才的新机制和实施“卓越工程师教育培养计划”的要求，安全工程专业的内涵也发生了很大变化，相应的专业培养目标、培养标准以及培养标准实现的矩阵等都有不同程度的变化，要求学生不仅要掌握系统理论知识，而且要成为自我学习能力强、创新能力强和适应经济社会发展需要的工程技术人才。但是，目前教材建设与专业发展并不匹配，无法满足新形势下高等教育及其各类人才培养的需要。因此，组织编写、出版一套新的安全工程专业系列教材，成为安全工程教育的迫切任务。

北京航空航天大学出版社是一家优秀高校出版社，根据当前安全工程专业教育发展，把握前沿，在进行大量调查和研究基础上，组织了一批安全工程领域的教授、专家，成立了编委会，提出了教材体例的设计、编写总体要求，并统筹安排了出版进度和编写工作。计划分批出版近20余门课程的教材，以满足“卓越工程师教育培养计划”的要求。

本系列教材的使用对象主要是现代远程教育安全工程、土木工程、勘察技术与工程等专业的本、专科生，也适用于应用型本科院校或重点本科二级学院相关专业的教学。

作为一套全新的安全工程系列教材，编写总体原则是重视学生自学，提高对学生创新能力的培养，其特点主要体现在以下几方面：

体例新。本系列教材根据自学和创新思维特点，教材设计了【本章知识框架结构图】【知识导引】【本章重点及难点】【本章学习目标】【教学活动建议】【本章小结】【自我小结】等版式体例，充分体现师生互动、编读互动，有利于学生的知识和技能的螺旋式递进。

体系新。本系列教材的突出特点是结合普通高等学校工程教育本科专业认证通用标准和专业补充标准要求，及“卓越工程师教育培养计划”安全工程专业培养和实现标准矩阵，构建安全工程学科的课程体系，按照相关学时，统一协调整合，突出特色，形成一个完整的、各门课程之间有机联系的系列教材。

内容新。本系列教材注重引入新理论、新技术、新方法、新装备和新法律法规等内容，将工程技术实践成果同理论相结合，充分体现教材的先进性和国际化思路。

安全工程涉及各个行业领域和理论，安全科学与工程的应用也涉及人类生产的各个方面，本系列教材难免存在一些不足之处，诚恳希望各位专家、学者和有关读者提出建议和意见。我们将在后续的出版中，努力改进，使得该系列教材得到不断完善和提高。

最后，衷心祝愿安全工程专业的发展愈来愈好，为我国的安全生产事业输送更多优秀人才。

普通高校继续教育“十二五”规划教材

安全工程系列教材编委会

2012 年 6 月

前　言

从事故理论上讲，事故致因的要素包括“4M”要素，即人的不安全行为(Men)、物的不安全状态(Machine)、环境不良(Medium)、管理欠缺(Managment)。其中，人的因素是最主要的，具体来说，在工业事故发生的比例中，绝大多数与人的因素有关，有的甚至高达90%以上。研究人的心理与行为，从而有效控制和管理人为因素，对于预防和控制事故的发生具有重要的作用和意义。

基于安全科学原理，安全生产的保障需要三个支柱：一是科学技术(Engineering)，二是管理法治(Enforcement)，三是文化教育(Education)，理论上称为“3E”对策。通过我们从理论和实证上对特种设备安全系统的研究，得到技术对特种设备安全的贡献率大约为58%，管理为27%，文化为15%。安全管理的主要目标是人的因素，安全文化的建设目的是提高人的素质。安全“3E”对策的理论规律也表明，管理和文化主要是针对人的行为管理和人的素质提升。

近年来，随着职业安全健康管理体系的推行，以及企业安全文化建设的发展，全社会对安全生产“软实力”的认知，已经从专家的理论概念逐步被政府和企业应用到实践中。“软实力”(Soft Power)这一概念是哈佛大学的约瑟夫奈提出的。它最初主要是针对国家层面上的军事力量和经济力量“硬实力”来说的，初衷是期望各国政府能对文化、政治价值观和外交政策引起重视。在安全生产领域，随着近十余年国际职业安全管理体系的引入和安全文化建设之风的兴起，相对于安全设备设施、安全检测检验、安全报警监控、安全装备护品等安全工程技术“硬实力”，安全管理和安全文化等安全生产软技术，对安全生产保障和事故预防的功能和作用逐渐被人们所共识。

上述三个角度和层面的论述，都有一个共同的焦点，就是人的安全素质、人的安全行为的问题。安全行为科学就是要研究人的安全心理规律、揭示人的行为特征、分析影响人行为的种类因素，并在此基础上指出控制、干预、管理、激励人的安全行为，从而在人为因素的事故致因方面科学作为，实现对人为因素事故的有效预防。

作　者

2012年4月

前言

目　录

第一章 绪 论

本章知识框架结构图

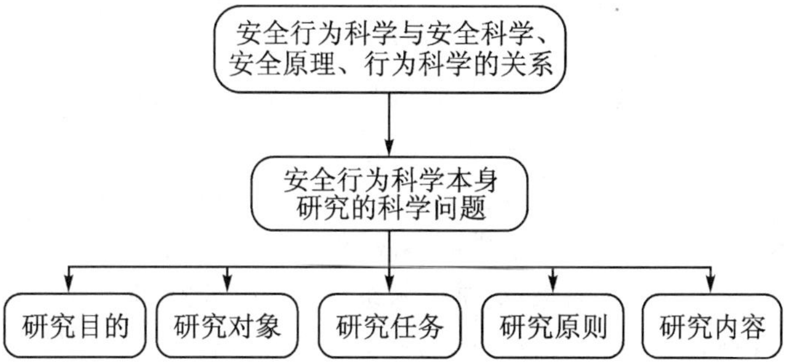

知识导引

安全行为科学是研究人的安全行为规律与控制的学科。本章以安全科学的学科体系为基础，论述了安全行为科学在安全科学知识体系中的地位和意义；从安全原理的角度，论证了安全行为科学对于事故预防的功能和作用；从科学的角度，论述了安全行为科学与行为科学的关系，以及安全行为科学本身研究的对象、目的、内容、重要理论和知识等。

本章的学习重点及难点

重　点：安全行为科学在安全科学技术体系中的作用；所解决的科学问题；与安全原理、行为科学的关系；安全行为科学本身的科学问题。

难　点：从安全科学原理的角度，如何认识安全行为科学的规律及作用。

核心概念：安全原理、行为科学、心理学、人类学、人为因素、人机工程学、事故致因等。

本章需要思考的问题

通过本章的学习，需要思考如下问题：

1. 安全行为科学与安全科学技术体系其他学科和知识体系的关系。

2. 安全行为科学与安全人机工程学的关系。

相关的阅读材料

学习阅读行为科学、心理学、人机工程学相关资料。

本章学习目标

本章的学习目标是：

◇ 了解安全行为科学的研究对象、研究目标、研究内容等。

◇ 认识安全行为科学与安全科学技术体系的关系与地位。

◇ 了解安全行为科学与行为科学、人机工程学的关系。

◇ 了解安全行为科学与安全管理的关系。

教学活动建议

搜集安全行为科学以及安全科学、行为科学、人机工程学等相关资料，结合读者实际情况，组织讨论学习。

第一节　安全科学与安全行为科学

安全行为科学是一门研究安全活动过程中，伴随人的行为和人际交往而产生的心理和生理活动的规律的学科，它属于应用科学的范畴。

只要我们了解分析一下安全管理的基本理论，就能清楚这一学科是安全管理学科的一个分支。这一学科的主要意义就在于探索如何把行为科学中的基础理论和研究成果具体应用到安全管理领域中去。而安全管理学是安全科学技术体系三大支柱之一，因此，安全行为科学是安全科学技术体系中重要的分支学科。

通过人类长期的安全生产活动实践，以及安全科学与事故理论的研究和发展，人们已清楚地认识到，要想有效地预防生产与生活中的事故，保障人类的安全生产和安全生活，人类有三大安全对策：一是安全工程技术对策，这是技术系统本质安全化的重要手段；二是安全教育对策，这是人因安全素质的重要保障措施；第三就是安全管理对策，这一对策既涉及物的因素，即对生产过程设备、设施、工具和生产环境的标准化、规范化管理，也涉及人的因素，即作业人员的行为科学管理等。安全行为科学就是承担对人的因素的研究，因此安全行为科学实际上是安全科学的一个组成部分，它是通过揭示人们在劳动生产和组织管理中的安全行为及其规律，去研究如何进行有效的安全管理和安全作为的一门科学。

第二节　安全原理与安全行为科学

安全原理以安全系统作为研究对象，建立了人—物—能量—信息的安全系统要素体系，提出了系统自组织的思路，确立了系统本质安全的目标。通过对安全系统论、安全控制论、安全信息论、安全协同学、安全行为科学、安全环境学、安全文化建设等科学理论的研究，提出在本质安全化认识论基础上，全面、系统、综合地发展安全科学理论。

安全原理的理论系统还在发展和完善之中，目前已有的初步体系有安全哲学原理、安全系统论原理、安全控制论原理、安全信息论原理、安全法学原理、安全经济学原理、安全组织学原理、安全教育学原理、安全工程技术原理等，目前还在发展中的安全理论还有安全仿真理论、安全专家系统、系统灾变理论、本质安全化理论、安全文化理论等。

安全原理要求从系统的的本质入手，要求主动、协调、综合、全面的方法论。其具体表现为：从人与机器和环境的本质安全入手，人的本质安全指不但要要解决人的知识、技能、意识素质，还要从人的观念、伦理、情感、态度、认知、品德等人文素质入手，从而提出安全文化建设的思路；物和环境的本质安全化就是要采用先进的安全科学技术，推广自组织、自适应、自动控制与闭锁的安全技术；研究人、物、能量、信息的安全系统论、安全控制论和安全信息论等现代工业安全原理；技术项目中要遵循安全措施与技术设施同时设计、施工、投产的"三同时"原则；企业在考虑经济发展、进行机制转换和技术改造时，安全生产方面要同时规划、发展、实施，即所谓的"三同步"原则；还有"三点控制工程"、"定置管理"、"四全管理"、"三治工程"等超前预防型安全活动；推行安全目标管理、无隐患管理、安全经济分析、危险预知活动、事故判定技术等安全系统科学方法。其中对人的因素的研究，就涉及安全行为科学的领域。

第三节　行为科学与安全行为科学

行为科学是从社会学和心理学的角度研究人的行为的一门科学。它研究人的行为规律，主要研究工作环境中个人和群体的行为，目的在于控制并预测行为，强调做好人的工作，通过改善社会环境以及人与人之间的关系来提高工作效率。行为科学的研究对象是人的行为规律，研究的目的是揭示和运用这种规律为预测行为、控制行为服务。这里，预测行为指根据行为规律预测人们在某种环境中可能产生的言行；控制行为指根据行为规律纠正人们的不良行为，引导人们的行为向社会规范的方向发展。行为科学是一个由多种学科组成的学科。人的行为是个人生理因素、心理因素和社会环境因素相互作用的结果，因此，行为研究广泛地涉及许多学科知识，例如生理学、医学、精神病学、政治学等。在广泛的学科中居于核心地位的是心理学、社会心理学、社会学和人类学。行为科学是一门应用极其广泛的学科，例如，可以应用于企业管理，为调动人的积极性和提高工作效率服务；可以应用于教育与医疗工作，研究纠正人的不良行为，是治疗精神病的有效方法；可以应用于政治领域，作为寻求缓和矛盾、解决冲突的理论依据等。

显然，安全行为科学是行为科学的重要应用分支。安全行为科学不但要应用行为科学研究的成果为其服务，同时安全行为科学为行为科学丰富了内容和扩大了内涵。因此，安全行为科学与行为科学是相互交叉和兼容的关系，是行为科学在安全中应用而发展起来的应用性学科。

第四节　人因的重要性

众所周知，人因是事故四要素之一。事故四要素包括：人因、物因、环境、管理，其中人的因素是排在首位的。

从目前我国安全事故发生的原因来看，绝大多数都与人为因素有关，管理不善、人员素质低下是事故发生的根本原因，从业人员安全素质与履行工作职责之间的矛盾是引发我国各类安全事故的主要原因之一。我国安全事故多，与不重视人、不尊重人、不了解人的心理行为特点有着非常大的关系。而不重视人因因素的安全管理，就不会达到预期的效果。

从人的角度来看，要绝对安全也是不可能的。人在生产活动中最活跃，最富有创造性，即主观能动性。如能发挥人的主观能动性，很多事故是可以消除在萌芽状态的。企业生产活动的主体是人，人的不安全行为是许多事故发生的根本原因。

人的不安全行为是指能引发事故的人的行为差错。在人机系统中，人的操作或行为超越或违反系统所允许的范围时就会发生人的行为差错。这种行为可以是有意识的行为，也可能是无意识的行为，表现的形式多种多样。虽然有意的不安全行为是一种由人的思想占主导地位、明知故犯的行为，但依然存在主观和客观两方面的原因。从主观上讲，操作者的心理因素占据了重要位置。侥幸心理、急功近利心理、急于完成任务而冒险的心理，都容易忽略安全的重要性，目的仅仅是为了达到某种不适当的需求，如图省力、赶时间、走捷径等。抱有这样心理的人为了获得小的利益而甘愿冒着受到伤害的风险，是由于对危险发生的可能性估计不当，心存侥幸，在避免风险和获得利益之间做出了错误的选择。非理性从众心理，明知违章但因为看到其他人违章并没有造成事故或没有因此受罚而放纵自己的行为。过于自负、逞强，认为自己可以依靠较高的个人能力避免风险。从客观上讲，管理的松懈和规章制度的操作性差给人的不安全行为的发生创造了条件。

在安全管理中，没有一支高素质的职工队伍，安全管理只是纸上谈兵，无法落到实处。那么提高员工的素质就是企业长远的、具有战略意义的工作，提高员工的素质不外乎教育与培训。教育是提高员工的思想素质，即工作的责任心。认真负责、踏实肯干的态度，一丝不苟、勤奋学习、勇于攻克生产过程中难题的精神，达到这个目的不是一朝一夕就能解决的，它需要长期不断地在企业安全文化精神的指导下，逐渐地使员工向这个方向迈进。

第五节　安全行为科学的目的

通过对事故规律的研究，人们已认识到：生产事故发生的重要原因之一是人的不安全行为。因此。研究人的行为规律，以激励安全行为，避免和克服不安全行为，对于预防事故有重要作用和积极的意义。

由于人的行为千差万别，不尽相同，影响人行为安全的因素也多种多样：同一个人在不同的条件下有不同的安全行为表现，不同的人在同一条件下也会有各种不同的安全行为表现。安全行为科学的研究，就是要从复杂纷纭的现象中揭示人的安全行为规律，以便有效地预测和控制人的不安全行为，使作业者能按照规定的生产和操作要求活动、行事，以符合社会生活的需要，更好地保护自身，促进和保障生产的发展和顺利进行，维护社会生活和生产的正常秩序。

第六节　安全行为科学的基本理论

一、安全行为科学的研究对象

安全行为科学是把社会学、心理学、生理学、人类学、文化学、经济学、语言学、法学等多学科基础理论应用到安全管理和事故预防的活动之中，为保障人类安全、健康和安全生产服务的一门应用性科学。安全行为科学的研究对象是社会、企业或组织中的人与人之间的相互关系以及与此相联系的安全行为现象，主要研究的对象是个体安全行为、群体安全行为和领导安全行为等方面的理论和控制方法。

1. 个体安全行为

要研究个体的安全行为，首先要知道什么是个体心理，个体心理指的是人的心理。人既是自然的实体，又是社会的实体。从自然实体来讲，只要是在形体组织和解剖特点上具有人的形态，并且能思维、会说话、会劳动的动物都叫做人。从社会实体来讲，人是社会关系的总和，这是它的本质特征，当这些自然的、社会的本质特点全部集于某一个人的身上时，这个人就称之为实体。

个体是人的心理活动的承担者。个体心理包括个体心理活动过程和个性心理特征。个体的心理活动过程是指认识过程、情感过程和意志过程；个性心理特征表现为个体的兴趣、爱好、需要、动机、信念、理想、气质、能力、性格等方面的倾向性和差异性。

任何企业或组织都是由众多的个体的人组合而成的。所有这些人都是有思想、有感情、有血有肉的有机体。但是,由于各人先天遗传素质的差别和后天所处社会环境及经历、文化教养的差别,导致了人与人之间的个体差异。这种个体差异也导致了个体安全行为的差异。

在一个企业或组织中由于人们分工不同,有领导者、管理人员、技术人员、服务人员,以及各种不同工程的工人等不同层次和不同职责的划分,他们从事的劳动对象、劳动环境、劳动条件等方面也不一样,加之个体心理的差异,所以他们在安全管理过程中安全的心理活动必然是复杂多样的。因此,在分析人的个体差异和分析各种职务差异的基础上,了解和掌握人的个体安全心理活动,分析和研究个体的安全心理规律,对于了解安全行为、控制和调整管理安全行为是很重要的,这是安全管理最基础的工作之一。

2. 群体安全行为

群体是一个介于组织与个人之间的人群结合体,这是指在组织机构中,由若干个人组成的为实现组织目标利益而相互信赖、相互影响、相互作用,并规定其成员行为规范所构成的人群结合体。对于一个企业来说,群体构成了企业的基本单位。现代企业都是由大小不同、多少不一的群体所组成的。

群体的主要特征:其一是各成员相互依赖,在心理上彼此意识到对方;其二是各成员间在行为上相互作用、彼此影响;其三是各成员有“我们同属于一群”的感受,实际上也就是彼此有共同的目标或需要的联合体。从群体形成的内容上分析可以得知,任何一个群体的存在都包含了三个相关联的内在要素,这就是相互作用、活动与情绪。所谓相互作用是指人们在活动中相互之间发生的语言和语言的沟通与接触。活动是指人们所从事的工作的总和,它包括行走、谈话、坐、吃、睡、劳动等,这些活动被人们直接感受到。情绪指的是人们内心世界的感情与思想过程。在群体内,情绪主要指人们的态度、情感、意见和信念等。

群体的作用是将个体的力量组合成新的力量,以满足群体成员的心理需求,其中最重要的是使成员获得安全感。在一个群体中,人们具有共同的目标与利益。在劳动过程中,群体的需求很可能具有某一方面的共同性,或劳动对外相同,或工作内容相似,或劳动方式一样,或劳动在一个环境之中及具有同样的劳动条件等。他们的安全心理虽然具有不同的个性倾向,但也会有一定的共同性。分析、研究和掌握群体安全心理的活动状况,是搞好安全管理的重要条件。

3. 领导安全行为

在企业或组织各种影响人的积极性的因素中,领导行为是一个关键性的因素。因为不同的领导心理与行为,会造成企业的不同社会心理气氛,从而影响企业职工的积极性。有效的领导是企业或组织取得成功的一个重要条件。

管理心理学家认为,领导是一种行为与影响力,不是指个人的职位,而是指引导和影响他人或集体在一定条件下向组织目标迈进的行动过程。领导与领导者是两个不同的概念,它们之间既有联系又有区别,领导是领导者的行为,促使集体和个人共同努力,实现企业目标的全过程;而致力于实现这个过程的人则为领导者。虽然领导者在形式上有集体、个人之分,但作为领导集体的成员在他履行自己的职责时,还是以个人的行为表现来进行的。从安全管理的要求来说,企业或组织的领导者对安全管理的认识、态度和行为,是搞好安全管理的关键因素。

分析、研究领导安全行为，是安全管理的重要内容。

二、安全行为科学的研究任务

安全行为科学的基本任务是通过对安全活动中各种与安全相关的人的行为规律的揭示，有针对性和实用性地建立科学的安全行为激励理论，并应用于提高安全管理工作的效率，从而合理地发展人类的安全活动，实现高水平的安全生产和安全生活。

三、安全行为科学的研究原则与方法

任何科学的形成和发展以及要不断取得成果，对于研究来说，都必须遵循一定的基本原则，同时还要掌握科学的研究方法。安全行为学是一门新兴学科，至今还很少有系统的研究。如果要在安全行为研究方面得到发展和不断取得成效，就要遵循一定的原则，讲究研究的方法。

1. 安全行为研究遵循的基本原则

(1) 客观性原则

即实事求是地观察、记录人的行为表现及产生的客观条件，分析时应避免主观偏见和个人好恶。

(2) 发展性原则

即把人的行为看作一个过程，历史地、变化地看待行为本质，有预测地分析行为发展方向。

(3) 联系性原则

即要看到行为与主、客观条件的复杂关系，注意各种因素对行为的影响。

2. 研究安全行为的方法

研究安全行为的方法有如下几种。

(1) 观察法

通过人的感官，在自然的、不加控制的环境中观察他人的行为，并把结果按时间顺序做系统记录的研究方法。

(2) 谈话法

通过面对面的谈话，直接了解他人行为及心理状态的方法。应用前事先要有周全的计划，确定谈话的主题，谈话过程中要注意引导，把握谈话的内容和方向。这种方法简单易行，能迅速取得第一手资料，因此被行为科学家广泛应用。

(3) 问卷法

问卷法是根据事先设计好的表格、问卷、量表等，由被试者自行选择答案的一种方法。一般有三种问卷形式：是与否式、选择式和等级排列式。这种方法要求问题明确，能使被试者理解、把握。调查表收回后要运用统计学的方法对其数据做处理。

(4) 测验法

采用标准化的量表和精密的测量仪器来测量被试者有关心理品质和行为的研究方法。如常有的智力测试、人格测验、特种能力测验等。这是一种较复杂的方法，须由受过专门训练的人员主持测验。

其他还有实验法、个案法等研究方法。

四、安全行为科学的研究内容

安全行为科学的研究内容主要包括：

1. 人的安全行为规律的分析与认识

认识人的个体自然生理行为模式和社会心理行为模式；分析影响人的安全行为的心理因素，如情绪、气质、性格、态度、能力等；分析影响人的安全行为的社会心理因素，如社会知觉、价值观、角色作用等；分析影响群众安全行为的因素，如社会舆论、风俗时尚、非正式团体行为等。

2. 安全需要对安全行为的作用

需要是一切行为的来源，安全需要是人类安全活动的基础动力。因此，从安全需要入手，在认识人类安全需要的基本前提下，应用需要的动力性来控制和调整人的安全行为。

3. 劳动过程中安全意识的规律

安全意识是良好安全行为的前提条件，是作用于人的行为要素之一。这部分内容主要研究劳动过程的感觉、知觉、记忆、思维、情感、情绪等对人安全意识的作用和影响规律，从而达到强化安全意识的目的。

4. 个体差异与安全行为

主要分析和认识个性差异和职务（职业、职位）差异对安全行为的影响，通过协调、适应、调控等方式，控制、消除个性差异和职务差异对安全行为的不良影响，促进其良好作用。

5. 导致事故的心理因素分析

人的行为与心理状态有着密切的关系，探讨事故在形成和发生的过程中导致人失误的心理过程和影响作用规律，对于控制和防止失误有着重要的意义。这部分主要探讨人的心理因素与事故的关系、致因的机理、作用的方式和测定的技术等。

6. 挫折、态度、群体与领导行为

研究挫折特殊心理条件下人的安全行为规律；态度心理特征对安全行为的影响；群体行为与领导行为在安全管理中的作用和应用。

7. 注意在安全中的作用

探讨人的注意力的规律，即注意的分类、功能、表现形式、属性，以及在生产操作、安全教育、安全监督中的应用。

8. 安全行为的激励

应用行为科学的激励理论，即 X-理论、Y-理论、权变理论、双因素理论、强化理论、期望

理论、公平理论、马斯洛的需要层次论、阿尔德弗的 ERG 理论、操作条件反射理论、挫折理论、综合激励理论等,来激励工人个体、企业群体和生产领导的安全行为。

本章小结

本章主要论述了安全行为科学在安全科学技术体系中的作用,以及与安全原理、行为科学的关系,重点阐述了安全行为科学本身所研究的科学问题。在学习的过程中,要深入理解安全行为科学的研究内容,为以后的分析及应用打下基础。

自我小结

自测题

1. 什么是安全行为科学?
2. 行为科学与安全行为科学有什么联系?
3. 人因在事故要素中的地位?
4. 安全行为科学的研究目的是什么?
5. 安全行为科学的研究对象是什么?
6. 安全行为研究要遵循哪些原则?
7. 研究安全行为可以用哪些方法?
8. 安全行为科学的研究内容是什么?

自测题参考答案

1. 安全行为科学是在社会学、心理学、生理学、人类学、文化学、经济学、语言学、法律学等学科基础上发展起来的,是分析、认识、研究影响人的安全行为因素及模式,掌握人的安全行为规律,以实现激励安全行为、防止行为失误和抑制不安全行为的应用性科学。

2. 安全行为科学是行为科学的重要应用分支。安全行为科学不但要应用行为科学研究的成果为其服务,同时安全行为科学为行为科学丰富了内容和扩大了内涵。因此,安全行为科学与行为科学是相互交叉和兼容的关系,是行为科学在安全中应用而发展起来的应用性学科。

3. 事故四要素包括:人因、物因、环境、管理,其中人的因素是排在首位的。

4. 控制人的不安全行为;激励人的安全行为。

5. 安全行为科学的研究对象是以安全为内涵的个体行为、群体行为和领导行为。

6. 安全行为研究遵循的基本原则:

(1) 客观性原则,即实事求是地观察、记录人的行为表现及产生的客观条件,分析时应避免主观偏见和个人好恶。

(2) 发展性原则,即把人的行为看做一个过程,历史地、变化地看待行为本质,有预测地分析行为发展方向。

(3) 联系性原则,即要看到行为与主、客观条件的复杂关系,注意各种因素对行为的影响。

7. 观察法、测验法、问卷法、谈话法等方法。

8. 安全行为科学的主要内容包括:人的安全行为规律的分析和认识;安全需要对安全行为的作用;劳动过程中安全意识的规律;个体差异与领导行为;导致事故的心理因素分析;挫折、态度、群体与领导行为;注意在安全中的作用;安全行为的激励。

第二章　安全行为模式

本章知识框架结构图

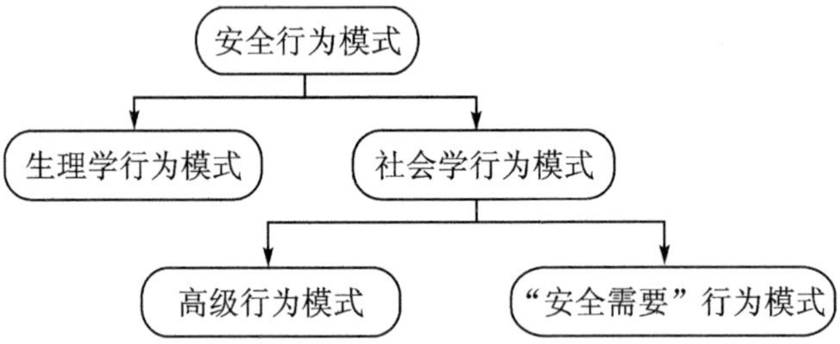

知识导引

模式是反映事物要素及其关系的规律表达方式。安全行为模式是概念模式。掌握安全行为模式对于了解人的生理行为规律和心理行为规律有重要的作用。本章主要从人的生理学角度和心理学角度来研究人的行为模式。通过对安全行为模式的研究，可以了解影响人行为的因素及规律，对于有效地控制人的行为具有指导性的帮助和作用。

本章的学习重点及难点

重　点：人的生理学行为模式和人心理学角度的行为模式及规律；人的行为的控制策略和方法。

难　点：影响人安全行为的因素的多样性及复杂性；影响人安全行为的因素间的关系；影响人的安全行为因素的逻辑程序等。

核心概念：安全行为、行为模式、行为方式、需要分类、需要结构、需要层次、安全行为控制等。

本章需要思考的问题

通过本章的学习，需要思考如下问题：

1. 人的生理学和心理学行为模式如何运行。
2. 人的生理学和心理学行为模式涉及哪些影响因素。
3. 人的生理学和心理学行为模式因素间的关系。
4. 如何从生理学角度驾驭和控制人的安全行为。
5. 如何从心理角度驾驭和控制人的安全行为。
6. 如何用安全文化的方法控制人的安全行为。

相关的阅读材料

学习阅读系统科学的建模式理论、行为科学、需要层次论等。

本章学习目标

本章的学习目标是：

◇ 了解和掌握人的生理学行为模式及规律。

◇ 了解和掌握人的心理学行为模式及规律。

◇ 熟悉从生理学角度如何控制和驾驭人的安全行为。

◇ 熟悉从心理学角度如何控制和驾驭人的安全行为。

教学活动建议

搜集安全行为模式相关资料，结合读者实际情况，组织讨论学习其规律及控制方法。

第一节　生理学意义的行为模式

一、人的生理学行为模式分析

作为社会主要因素的人类，在其社会活动中的表现形式不尽相同。针对安全行为来讲，情况也是复杂多样的：有老成持重者、酒后开车者、安全行事者、违章违纪者，等等。

人的生理学行为模式即人的自然属性行为模式是从自然人的角度来说的，人的安全行为是对刺激的安全性反应。这种反应是经过一定的动作实现目标的过程。比如，行车过程中，突然有人横穿马路，司机必须紧急刹车，并保证安全停车，才不至于发生撞人事故。在此，有人横穿马路是刺激源，刹车是刺激性反应，安全停车是行为的安全目标。这中间又需要判断、分析和处理等一连串的安全行为。

20 世纪 50 年代，美国斯坦福大学的莱维特（H. J. Leavitt）在《管理心理学》一书中，对人的行为提出了三个相关的假设：

① 行为是有起因的；

② 行为是受激励的；

③ 行为是有目标的。

由此他提出人的生理学基础上的行为模式：

外部刺激（不安全状态）⟶肌体感受（五感）⟶大脑判断（分析处理）⟶安全行为反应（动作）⟶安全目标的完成。

各环节相互影响，相互作用，构成了个人千差万别的安全行为表现。正是由于安全行为规律的这种复杂性，才产生了多种多样的安全行为表现，同时也给人们提出了研究领导和工人各个方面的安全行为科学的课题。从这一行为模式的规律出发，外部刺激（不安全状态）⟶肌体感受（五感）和安全行为反应（动作）⟶安全目标的完成，这两个环节要求我们研究安全人机学；大脑判断（分析）这一环节是安全教育解决的问题。

二、人的生理学安全行为规律

安全行为是人对刺激的安全性反应，又是经过一定的动作实现目标的过程。比如，石头砸到脚上，马上就要离开砸脚的位置，并用手按摸，有可能还发出痛叫声。脚是被刺激的信道，离开砸脚位置和用手按摸是安全行为的刺激性反应，而这中间又需要一连串实现自己安全行为的过程。由此可归纳出人的一般安全行为模式：

S ⟶	O ⟶	N ⟶	M
刺激	人的肌体	安全行为反映	安全目标的完成

刺激（不安全状况）⟶人的肌体⟶安全行为反映⟶安全目标的完成，这几个环节相互影响、相互联系、相互作用，构成了人千差万别的安全行为表现和过程。这种过程是人的生

理属性决定的。

人的生理刺激就是通过语言声音、光线色彩、气味等外部物理因素，对人体五感的刺激和干扰，使之影响或控制人的行为。

人的机体指人的五感因素，五感即形、声、色、味、触（也即人的五种感觉器官：视觉、听觉、嗅觉、味觉、触觉）。

形：指形态和形状，包括长、方、扁、圆等一切形态和形状。

声：指声音，包括高、低、长、短等一切声音。

色：指颜色，包括红、黄、蓝、白、黑等各种颜色。

味：指味道，包括苦、辣、酸、甜、香等各种味道。

触：指触感，包括触摸中感觉到的冷热、滑涩、软硬、痛痒等各种触感。

人的行为反应表现出两种状态：安全行为与不安全行为。安全行为就是符合安全法规要求的行为。不安全行为则相反。人的不安全行为一般表现为如下形式：

- 操作错误，忽视安全，忽视警告；
- 造成安全装置失效；
- 使用不安全设备；
- 手代替工具操作；
- 物体存放不当；
- 冒险进入危险场所；
- 攀坐不安全位置；
- 在起吊物下作业；
- 在机器运转时做加油、修理、检查、焊接、清扫等工作；
- 有分散注意力的行为；
- 在必须使用个人防护用品、用具的作业或场合中，忽视其使用；
- 不安全装束；
- 对易燃易爆等危险物品处理错误。

人的安全行为从因果关系上看有两个共同点：

第一，相同的刺激会引起不同的安全行为。同样是听到危险信号，有的人会积极寻找原因，排除险情，临危不惧；有的人则会胆小如鼠，逃离现场。

第二，相同的安全行为来自不同的刺激。领导重视安全工作，有的是有安全意识，接受过安全科学的指导；有的可能是迫于监察部门的监督；有的则可能是受教训于重大事故。正是由于安全行为规律的这种复杂性，才产生了多种多样的安全行为表现，同时也给人们提出了研究领导和职工各个方面的安全行为科学的课题。

第二节　社会学意义的行为模式

一、人的高级行为模式分析

人是生物有机体，具有自然性；同时，人又是社会的成员，具有社会性。作为自然性的人，其行为趋向生物性；作为社会性的人，其行为趋向精神性。人的行为根据其精神含量，可分为低级行为、中级行为和高级行为。生物性行为是人的低、中级行为,精神性行为是人的高级行为。人的行为大多属于高级行为,如工作(即事业性行为)等。作者认为,上述“人的行为的一般模式”的研究,主要是把人置于“自然人”的角度来研究,没有考虑行为环境与行为的复杂程度对行为产生的直接而重要的影响。所以,“需要”模式实际上是“自然人”的行为模式。也就是说,以往的研究未重视从“社会人”的角度,对人的高级行为的行为模式做出研究。

新行为主义的杰出代表托尔曼(E. C. Tolman)和“群体动力场理论”的提出者勒温(K. Lewin)在这方面曾做过一定的探索。托尔曼将人的行为分为分子行为与整体行为,并认为整体性行为具有如下特征:①指向一定的目的;②利用环境的帮助并作为达到目的的手段;③最小努力原则;④可教育性。勒温致力于需求系统和心理动力方面的研究,提出了“人”与“环境”对行为影响的公式:

$$B=f(PE)$$

即人的行为随着人与环境的变化而变化。

我们认为,社会人同样有着自然属性,因而人的高级行为首先符合人的行为的一般模式,即“需要”模式。同时,人的高级行为,如事业性行为等,往往是群体性行为,且具有一定的复杂性、艰巨性、持续性和创造性,它直接受到人的认知、情感、意志及环境等因素的影响。当自然人转变为社会人,当生物性行为上升到精神性行为,“需要⟶动机⟶行为⟶目标”这一行为模式在受到行为所在的环境与行为的难易程度等变量的影响后,其将演绎出怎样的变式?

可以肯定,行为的精神含量越高,行为的心理过程就越丰富,行为受各种心理因素的支配就越明显。由此可见,人的高级行为是由复杂的心理活动所支配的。下面先来分析一下,一名“工作者”在进行工作时,需要具备哪些基本“条件”?通过分析我们不难发现,一名“工作者”在进行工作时,需要同时具备以下四个基本“条件”:

- 愿意工作;
- 知道怎么样工作;
- 具备工作的客观条件;
- 能克服工作时遇到的困难。

这些所谓的“条件”,实际上就是构成行为的基本要素。这些要素,对应到人的心理方面,可以概括为“知”、“情”、“意”三个方面。由此可以推断,“知”、“情”、“意”是构成人的高级行为的三个基本要素。其中:

“知”:认知。是对行为办法和目的的认识,即知道怎么做及知道做的目的。

“情”:情感。是对行为及行为环境(包括行为的条件)的态度体验,即行为的心理环境与外部条件。

“意”:意志。是对行为的意向(决定)与对行为遇到困难时的态度(决心),即愿意做与有决心做。

知道怎么做与做的目的,同时又具备做的心理环境与外部条件,并愿意做,且能克服做的各种困难,这样,人的高级行为就能开始并能正确地持续进行。由此,我们可得出人的高级行为的一般模式(简称“知情意行”模式):

(知＋情＋意)⟶行

根据上述分析,我们可得出人的行为分类、行为特征及对应的行为模式。

人的行为类型、行为特征及行为模式:自然人(生物性行为)与社会人(精神性行为)。

行为级别：低级、中级、高级。

行为类型：分子性行为、整体性行为、事业性行为。

行为特征：分子性行为的动作单一、局部，没有明显的目的性。整体性行为的动作综合、成系统，有目的性。事业性行为的动作具有复杂性、艰巨性、持续性和创造性，有明确目的和意义。

行为模式：

刺激——→反应需要（引起）——→动机（支配）——→行为（指向）——→目标（知＋情＋意）——→行

“知情意行”模式与“需要”模式的关系是：

“情”是人对客观事物是否符合“需要”而产生的态度体验；

“意”是由“动机”所推动的，是指引个体做什么，以及指引个体调节和支配行为，克服困难实现目的；

“知”是掌握方法，使“行为”指向“目标”。

可见，“知情意行”模式中实际上隐含了“需要”模式中的“需要”、“动机”，以及“行为”、“目标”等诸要素及其逻辑关系。所以，人的高级行为事实上也遵循人的行为的一般模式，即“知情意行”模式符合“需要”模式。同时，“知情意行”模式重视了行为环境与行为复杂性等变量的影响，贴近行为实际，“知”、“情”、“意”等要素也更加贴近人的感知与体验，在现实应用中有着更强的可体验性与可操作性。所以，“知情意行”模式又是“需要”模式的发展。

可见，“知情意行”模式有一定的科学性和现实意义。人们已经普遍认可的“知”、“情”、“意”、“行”是构成品德四要素的观点，正好支持了“知情意行”模式的观点。同时，“知情意行”模式告诉我们，人的行为水平，与“知”有关系，与“情”、“意”也有关系，甚至更重要。这与人们认可的“情商比智商更重要”的观点刚好吻合。反过来则可以说，“知情意行”模式或许为在理论上解释以上两个重要观点找到了一定的依据。

二、人的高级行为控制

“知情意行”行为模式其现实意义还在于，可以利用这一行为模式，通过对人的行为（或不行为）做出诊断，然后进行行为辅导，为提高人的行为水平提供可能。借助行为模式进行行为辅导，可以大大提高行为辅导的可操作性、针对性和实效性。

依据“知情意行”行为模式，对研究对象某一具体行为（或不行为）的“知”、“情”、“意”各构成要素的结构做出分析，找出结构的完整程度，然后进行有针对性的辅导，进而提高人的行为水平，这就是“知情意行”行为辅导模式。下面介绍“知情意行”行为辅导模式行为诊断表，见表2－1。

表 2－1 “知情意行”行为辅导模式行为诊断表

行为要素	知	情	意	知＋情	知＋意	情＋意	知＋情＋意
行为表现	≠行	≠行	≠行	① 容易时＝行 ② 有困难时≠行	① 条件具备时＝行 ② ②＋条件不具备时≠行	≠行	＝行

续表 2－1

行为要素	知	情	意	知＋情	知＋意	情＋意	知＋情＋意
行为诊断				知道怎么做，又具备环境与条件，但不愿意做或没有决心做	知道怎么做，又愿意做并有决心做，但缺乏做的环境或条件	具备环境与条件，又愿意做并有决心做，但不知道怎么做	
行为辅导	＋情 ＋意	＋知 ＋情	＋意 ＋情	＋意。要予以激励，给予刺激强化，使其愿意做	＋情。要帮助其优化心理环境，并为工作创造条件	＋知。要多给予指导，并要重视“知”的针对性	

人们可以解释知行脱节的原因及找到解决知行脱节的方法。“知”与“行”之间的关系是不对等的，解决知行脱节，关键就在于要在“知”与“行”之间构建“情”与“意”，使“知”与“行”之间建立一种紧密的、完整的联系，这样才能“知行”合一。

“知”、“情”、“意”三者密切联系、彼此渗透，共同推动着行为的产生与持续。具体到一个人身上，倒并不是某一方面缺乏，而往往是某一方面相对薄弱。同一对象的不同行为，不同对象的同一行为，同一对象不同环境的同一行为，其行为各构成要素的完整程度都有可能不同，因此具体的行为辅导要根据具体的情况做出权变。但是，同一对象的不同行为的构成要素，同一集体中的不同对象的行为构成要素往往有可能存在着相似的特征，这就为行为诊断提供了一定的规律性，也为针对某一集体的行为辅导提供了可能。因此，行为辅导可以是针对某一个体的，也可以是针对某一集体的。

行为的要求越高，其复杂性、艰巨性就越大，行为对“知”、“情”、“意”的要求也就越高。在三者结构基本平衡的前提下，提高其中某一项或两项的水平，对行为水平的提高有一定的帮助，且“知”、“情”、“意”三者存在着一定的相互促进的关系。如，“情”能促“意”，即积极的情感能激发人的行为动机，使人表现出巨大的意志力量，从而以极大的热情去战胜困难，完成任务；“情”能益“知”，即认识只有与情感结合，才会产生动机，进而推动行为。

三、人的“安全需要”行为模式分析

从人的社会属性角度，人的行为遵循如下行为模式规律：

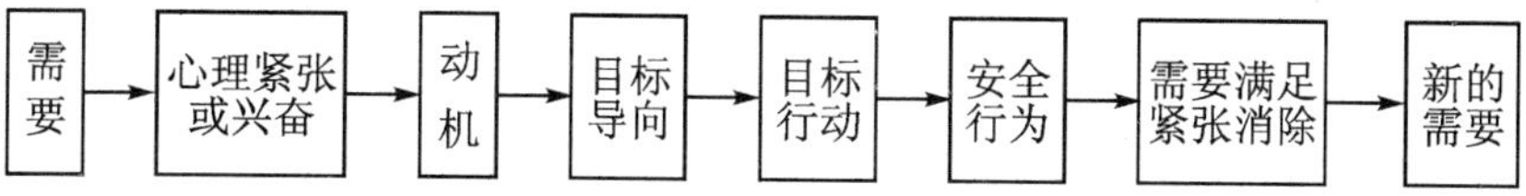

因此，需要是一切行为的来源。很好理解，一个珍惜生命与健康的人，一个需要安全来保护企业经济效益实现的领导，他一定会做好安全工作。因为人有安全的需要就会有安全的动机，从而就会在生产或行为的各个环节进行有效的安全行动。因此需要是推动人们进行安全活动的内部原动力。动机是指为满足某种需要而进行活动的念头和想法，它是推动人们进行活动的内部原动力。在分析和判断事故责任时，需要研究人的动机与行为的关系，透过现象看本质，实事求是地处理问题。动机与行为存在着复杂的联系，主要表现在：① 同一动机可引起种种不同的行为。如同样为了搞好生产，有的人会从加强安全、提高生产效率等方面入手；而有的人会拼设备、拼原料，做短期行为。② 同一行为可出自不同的动机。如积极抓安全工作，有可能出自不同动机：迫于国家和政府督促；本企业发生过重大事故得到的教训；真正建立了

“预防为主”的思想，意识到了安全的重要性，等等。只有后者才是真正可取的做法。③ 合理地动机也可能引起不合理甚至错误的行为。经过以上对需要和动机的分析，我们可以认识到，人的安全行为是从需要开始的，需要是行为的基本动力，但必须通过动机来付诸实践，形成安全行动，最终完成安全目标。

安全行为科学认为，研究人的需要与动机对人的安全行为规律有着重要意义。人的安全活动，包括制定方针、政策、法规及标准，发展安全科学技术，进行安全教育，实施安全管理，进行安全工程设计、施工等，都是为了满足发展社会经济和保护劳动者安全的需要。因此，研究人的安全行为的产生、发展及其变化规律，就需要研究人的需要和动机。其基本的目的就是寻求激励人、调动人的安全活动的积极性和创造性，以使人类的安全工程按一定的规律和组织目标去进行，使得更有成效和贡献。

四、人安全行为的一般控制方法

从人的心理学角度，人安全行为的控制可以采取以下方法：

1. 强化“安全心理”知识的教育和培训，提高操作者的心理素质

由于心理素质对操作者的行为影响极大，因此，应坚持“始于教育、终于教育”原则，强化操作者“安全心理知识”的教育和培训，以此促使操作者树立正确的安全价值观，准确地感知事物，抛弃“侥幸”、“逆反”等不健康的心理，严格地遵守安全操作规程。

2. 重视情绪变化，注意工作方法

实践证明，情绪对人们的行为既有正向的推动作用，又有反向的阻碍作用。因此，作为管理者应关注、掌握操作者的情绪变化，理解、同情其内心痛苦，耐心地倾听其诉说，及时调整操作者的情绪，净化他们的心理，避免逆反心理的产生；与此同时，要以宽容、宽广的心胸关注他们的利益，使其心理获得平衡。

3. 及时调整心态，做情绪的主人

情绪是本能化的力量，不是理智化的力量。激烈的情绪不仅会影响身心健康，而且会严重地影响一个人的心智。当情绪超过专注力时，就会失去对客观存在的正确感知和失去正确的思考能力。因此，作为操作者就应学会主动地调整自己的心态，做自己情绪的主人，只有这样才能避免不安全行为的发生。

4. 强化制度约束，规范操作行为

辩证唯物主义认为，外因是通过内因起作用的。强化制度约束，是控制人的不安全行为的外在因素，但它能通过内因来制约人的不安全行为。实践证明，许多企业所推行的“安全确认制”、“安全互保联保制”、“安全监护制”等，都是减少不安全行为的有效制度。

5. 加强色调管理，提高人的注意力

要提升机电设备、防护装置的本质安全化水平，从而最大限度地消除物的不安全状态。与此同时，还要强化色彩管理。实验证明，红色能使人振奋，蓝色能使人镇静，绿色能使人的心理

活动趋于缓和。提高颜色的对比度,能使人的注意力集中。鉴于此,要加强设备、设施的色彩管理,将设备涂上标准色,提高设备、标志、信号装置的颜色对比度,特别是那些开关、阀门、电闸等关键操作部位,更要使其标志醒目,以此来提高人们的注意力,减少失误的发生。

6. 改善工作环境,规范人的行为

人的行为与环境存在着密切的关系。不同的物质环境孕育不同的精神文化,而精神文化又制约着人们的心理和行为。在生产经营现场,通过实施定置管理建立起来的庭园式、居室式的工作环境,能强烈地作用人的心理,使操作者感到安全、舒适、明快、精神集中和观察敏锐;同时,对每一个人的安全价值观、安全审美观、安全道德、安全习惯和行为有着无形的影响力和塑造力。一个安全素质低劣和行为不规范的人进入这样的工作环境,很快就会被"同化"。

7. 培养操作技能

严格按照专业和岗位分工,设计一整套从学习到考试,考试到跟踪考查,跟踪考查到复试考核的系统反馈流程,杜绝走形式、走过场、掩耳盗铃式的安全培训,干什么、学什么、考什么、会什么,一级抓一级,严格考核,保证技能培训效果,知道怎么干,做到应知应会,不断提高安全操作技能。

8. 用制度控制人的不安全行为

没有规矩,不成方圆。各行为的安全生产始终离不开安全标准和制度建设。要根据企业的实际情况,从制定各项管理制度和标准入手,把每一项涉及安全生产的工作制度化、规范化、标准化。建立健全各级人员安全责任制,并通过严格的制度约束,认真落实到单位、部门、班组、现场、岗位及人员,最终解决问题。在这一管理过程中,重点突出制度的约束力作用,用制度来约束人的行为,以保障安全生产。

9. 以严格执行制度来控制人的不安全行为

"三违"造成事故频发,多与管理上"严不起来、落实不下去"有关。要减少事故的发生,就要着眼于解决这一问题,着力推进严、细、实的安全管理,坚持做到各类安全管理规定,认真落实不走样;生产系统的每个环节,细心操作不间断;各类人员责任制,落到实处不动摇。通过严格执行制度,把问题的存在与解决衔接起来,推行严细管理,把安全制度落到实处,最终搞好安全工作。严:就是严格控制人的行为。只要敢于动真,敢于认真,就没有管不了、抓不好的事情。"治矿要严",不仅是一个重要的管理原则,也是全面推进安全生产、落实执行力的必然途径。严,才能控制人的行为,才能保证有纪律、有秩序、有战斗力,才能真正解决"严不起来、落实不下去"的问题,围绕落实责任制这个核心,用严格的管理培育一支执行力强的团队。细:就是环节精细。天下大事、必作于细,细节到位,执行力就不成问题。标准和规范,就是对细节的量化,按照标准规范人的行为,是重视细节、完善细节的最高表现。对安全成产每个层面、每个角落的安全因素进行全面剖解,对影响安全生产的各种行为进行深入研究,做到采、掘、机、运、通、地测等专业的各个层面,每一处细节都有操作标准和管理细则可对照执行。实:就是作风扎实。工作中的细节重复做实,天天如此。一个企业,无论制度多全多细、责任多明确,奖罚力度多大,不落实就等于一张废纸。而作风扎实则是执行到位的有力保障。因此。制订《全员安

全生产绩效考核办法》，量化考核、严厉考核、严格落实，从而影响人的安全行为，是实现安全生产的前提保障。

10. 以监督控制人的不安全行为

开展各种形式的安全监督检查，加强安全监督工作力度，做到事事有监督，见事必从严，从监督方面，控制和减少不安全行为的发生，保证工作现场的安全生产。

11. 以安全文化引导人的安全行为

以安全文化引导人的安全行为可采取以下方式：

(1) 为自己而安全

从人的归属感出发抓安全教育，让干部职工对把安全工作的定位回归到人性的思考，以对自己、对家庭的责任感和对企业的使命感投入安全生产工作。在实际工作中，引导干部职工以一颗平常心对待工作及生活，平常心的有无，左右一个人的心理素质，影响着一个人的意识形态，决定着一个人的行为准则。当我们以一颗平常心在平凡的岗位上不断地努力，踏踏实实，深入实际，一天下一个井，下一个井，解决一件事，一步一个脚印，一步一个台阶，就会常常有收获，时时有成果，这时候，平常也就成了不平常，平凡就成了不平凡。同样，作为安全管理也要保证持续地进行，决不能一时热，一时冷，上面领导来检查了，安全管理就做的严一些，时紧时松、打破程序往往会酿成大祸。不论面对什么样的形势，都要始终坚持程序至上、沉静平和、按部就班，使人们的安全行为成为自己的一种习惯。

(2) 为亲人而安全

亲情看似平凡，实则孕育着伟大。亲情源于人类最基本的需要。通过将亲情化教育纳入管理，让干部职工在工作中能够始终感受大亲情的感召，把对家庭、对亲人的责任感，潜移默化地渗透到工作中去。通过各种形式的正面宣传，让干部职工认识到，安全问题不仅涉及企业、影响到社会，更是关系到每个人、每个家庭的安康幸福，是稳定的基础。

总之，安全生产是一项长期、艰苦、细致的系统工程，控制人的不安全行为只是其中的一部分。在规范和控制人的不安全行为工作方面，要持之以恒，常抓不懈，才能大大减少事故的发生。

本章小结

本章主要从生理学和社会学角度分析了人的安全行为模式。深入理解和掌握安全行为模式的因素及规律，对于有效地控制人的行为具有指导性的帮助和作用。

自我小结

自测题

1. 安全行为科学分析的人的行为模式有什么？
2. 人的生理学行为模式是什么？
3. 刺激与安全行为的关系？
4. 试说出人的高级行为模式的因素及关系。
5. 试说出人的“安全需要”行为模式的因素及关系。
6. “知情意行”模式与“需要”模式的关系是什么？
7. 动机与行为的联系，主要表现在哪些方面？
8. 从心理学的角度如何控制人的不安全行为？
9. 用安全文化的理论如何控制人的安全行为？

自测题参考答案

1. 自然属性和社会属性行为模式，其中社会属性行为模式又包含人的高级行为模式及人的“安全需要”行为模式。

2. 人的生理学行为模式：

外部刺激(不安全状态)⟶肌体感受(五感)⟶大脑判断(分析处理)⟶安全行为反应(动作)⟶安全目标的完成

3. 相同的刺激会引起不同的安全行为；相同的安全行为来自不同的刺激。

4. 人的高级行为的一般模式为(简称“知情意行”模式)：

(知＋情＋意)⟶行

5. 从人的社会属性出发，人的行为遵循如下的行为模式规律：

安全需要⟶安全动机⟶安全行为⟶安全目标实现⟶新的安全需要

6. “知情意行”模式与“需要”模式的关系是：

“情”是人对客观事物是否符合“需要”而产生的态度体验。

“意”是由“动机”所推动的，是指引个体做什么，以及指引个体调节和支配行为，克服困难实现目的。

“知”是掌握方法，使“行为”指向“目标”。

7. (1) 同一动机可引起种种不同的行为。

(2) 同一行为可出自不同的动机。

(3) 合理的动机也可能引起不合理甚至错误的行为。

8. 从人的心理学角度，人的安全行为控制可以采取以下方法：

(1) 强化“安全心理”知识的教育和培训，提高操作者的心理素质。

(2) 重视情绪变化，注意工作方法。

(3) 及时调整心态，做情绪的主人。

(4) 加强色调管理，提高人的注意力。

(5) 改善工作环境，规范人的行为。

9.（1）强化制度约束，规范操作行为。

（2）培养操作技能。

（3）用制度控制人的不安全行为。

（4）以严格执行制度来控制人的不安全行为。

（5）以监督来控制人的不安全行为。

（6）以安全文化引导人的安全行为。

第三章　影响人行为的因素分析

本章知识框架结构图

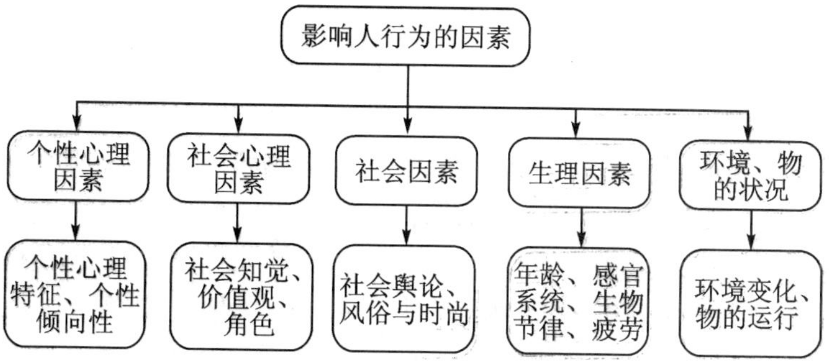

知识导引

影响人行为的因素是多方面的，包括个性心理因素、社会心理因素、社会因素、生理因素等。显然，影响人行为的因素有客观因素，也有主观因素。安全行为科学主要从人类社会生活出发，应用心理学的知识，分析影响人的行为因素，从而通过对人的行为因素的控制，实现人的安全行为。对于客观性因素，我们主要从遵从适应性原则，应用教育、培育的方法来有效控制；而对于主观性因素，就需要通过管理、监督、自律、文化建设等方法来进行控制。

本章的学习重点及难点

重　点：影响人行为的个性心理因素、社会心理因素、社会因素等。

难　点：了解影响人行为的个性心理因素及社会心理因素的分类，测评定性及特点，以及影响因素的特性和控制、调整等方法。

核心概念：个性心理因素、社会心埋因素、社会因素、气质、性格、理智、情绪、角色、心理认知等。

本章需要思考的问题

通过本章的学习，需要思考如下问题：

1. 影响人的个性心理因素与安全行为的关系。
2. 影响人的社会心理因素与安全行为的关系。
3. 影响人的社会因素有哪些。
4. 人的性格类型与安全。
5. 人的气质类型与安全。
6. 人的能力与安全。
7. 人情绪类型与安全。

相关的阅读材料

学习阅读一般心理学、工业心理学、个性心理学等相关资料。

本章学习目标

本章的学习目标是：

◇ 了解影响人的各类心理因素。

◇ 如何利用心理因素的分析方法控制和调适人的安全行为。

教学活动建议

搜集影响人行为的因素相关资料，结合读者实际情况，组织讨论学习。

第一节　个性心理因素

个性是影响动机和行为的重要因素。个性指个人稳定的心理特征和品质的总和，即在个体身上经常、稳定地表现出来的心理特点的总和。

影响人安全行为的个性心理因素主要包括个体的个性心理特征和个性倾向性两个方面。个性心理特征指一个人身上经常、稳定地表现出来的心理特点，主要包括能力、性格、气质和情绪。它是个体心理活动的特点和某种机能系统或结构的形式在个体身上固定下来而形成的，因此，各种心理特征带有经常、稳定的性质。但在人与环境相互作用的过程中，个性心理特征又缓慢地发生变化。个性心理特征是在心理过程中形成的，它反过来影响心理过程的进行。个性倾向性是人进行活动的基本动力，是个性中最活跃的因素，它制约着所有的心理活动，表现出个性的积极性。个性倾向性表现在对认识和活动对象的趋向和选择上，它主要包括需要、动机、兴趣、理想和信念。个性倾向性与各个方面之间相互联系、相互影响和相互制约。

一、个性心理特征对人的行为的影响

1. 能　力

能力，是个性心理特征之一。能力是人完成某种活动所必备的一种个性心理特征。通常指完成某种活动的本领。

一个人要能顺利、成功地完成任何一种活动，做好任何一种工作，都必须具备一定的心理条件，这种心理条件指的就是能力。例如，工厂企业的任何生产活动和社会活动都对职工的能力有一定的要求。对机械工人说来要顺利、成功地完成机器零件的制造活动和机器的装配工作，除了应具备有关机器制造的专业技术知识外，还要有熟练的操作能力和区别机器结构的细节和察看机器性能的敏锐的观察能力；一个企业的领导者或管理者，要成功、有效地进行管理工作，一般来说，应具备技术业务能力，组织管理能力，处理人际关系能力这三种基本能力，对于安全管理干部来说，还要掌握劳动保护法规和安全生产方针方面的知识，具备相当的安全技术能力。人们的能力大小是有区别的。由于人的能力总是和人的某种实践活动相联系，并在人的实践活动中表现出来，所以，只有去观察一个人的某种实践活动，才能了解和掌握这个人所具备的顺利、成功地完成某种活动的能力。世界上的事物种类繁多，人们从事活动的能力也多种多样，但任何人都可以根据不同的标准概括为以下三大类能力。

(1) 一般能力和特殊能力

一般能力是指人们从事一切社会活动应该具备的心理素质，即一般的认识能力。一般的认识能力也叫做智力，它是由感知能力、论证能力、观察能力、想象能力及操作能力等构成的。特殊能力指的是人们为了顺利地从事某种专业活动应该具备的一些特殊的心理素质，即特殊的认识能力，也就是个人特长，如企业管理者的决策能力、组织管理能力；干部的安全管理和掌握安全技术的能力；从事机械操作者的机械能力，即对机械原理的理解能力以及判断空间形象的速度和准确性的能力。

从一般能力和特殊能力所包括的内容来看，它们之间的联系是共性和个性的关系。个性是共性的具体化和特殊化，共性是个性的一般化、概括化。所以从企业管理的角度来看，职工个体一般能力的发展，即一般科学文化素质的提高，为职工学习和掌握某项生产技术的特殊能力提供了更好的内在心理条件；而职工个体学习和掌握某项生产技术的特殊能力的发展，又会积极促进职工个体一般能力的发展和一般科学文化水平的提高。

(2) 再造能力和创造能力

再造能力指的是人们能顺利学习和掌握人所积累的知识经验和生产能力，并能按照已有的图纸和式样进行某种学习、工作或生产活动的心理素质。比如，人们能学习和掌握人类的知识经验，学习和掌握前人从事社会劳动的技能；职工能够按照企业的计划和要求，完成自己的本职工作；特种作业工人掌握运用安全操作规程和安全生产技术，实现安全生产；生产技术工人能按照图纸的要求制造出合格的产品，这些活动都是人们再造能力的具体表现。创造能力指的是人们能够根据社会的需要和目的，在总结前人知识和经验的基础上，个体独立地创造出对人类、对社会有一定价值的、新颖独特的东西的心理素质。比如，人们在自然科学上的发明创造、社会科学上的独特见解、工人的技术革新、作家的著书立说、安全管理理论的新发展及安全操作技术的改进和创新，等等。

再造能力和创造能力不仅互有区别，且互相联系。在科学生产实践活动中，一般来说，人们的再造性活动含有创造性因素。创造性活动也含有再造性因素。创造发明的实践证明，人们创造能力的发展规律是：先模仿，再造，而后才能有所发明和创造。

(3) 认识能力、实践活动能力和社会交往能力

人们的认识能力，包括感知能力、记忆能力、想象能力、思维能力和注意能力等，都是人们完成任何实践活动任务的基本心理素质。人们的实践活动能力，包括人们的日常生活能力、社会工作能力、经济管理能力、生产劳动能力、文化教育能力以及安全管理和劳动保护能力等，这些都是人们自觉地、有意识地调节个体的外部行为以便作用于外部环境的能力。人们的社会交往能力，包括人们参加任何社会团体活动的能力与社会团体内外成员的相互联系、相互作用、相互协调的能力等。

认识能力、实践活动能力和社会交往能力，既相互区别，又相互联系。比如，人们在改造客观世界的实践活动和社会交往活动中提高了自己的认识能力，人们又反过来依靠对现实客观世界中事物的认识，调节自己改造客观世界的活动和人们的社会交往活动。这就是三者之间的相互联系、相互制约的辩证关系。

2. 性　格

所谓性格，是一个人比较稳定的对客观现实的态度和习惯化的行为方式。在日常生活、学习、工作和生产实践中，有的人无论在什么情况下，总是表现出对他人热情忠厚，处处与人为善；对自己谦逊谨慎，严于律己；对事情坚毅果断，勇于革新。而有的人总是表现出对别人尖酸刻薄，常常是冷嘲热讽；对自己则自高自大，宽于恕己；对事情则草率行事，鼠目寸光。这种对待别人、对待自己、对待事情的比较稳定的态度和习惯化的行为方式所表现出来的个体基本的心理特征，就是人们所说的性格。

性格是形成一个人个性心理的核心特征。因为一个人的兴趣、爱好、习惯、需要、动机和气质、能力都是形成个人个性心理的重要特征，但这些心理特征是以人的性格为转移的。例如，在企业的安全管理中，一个大公无私的人，必然处处事事关心他人的安全胜过关心自己，对于劳动保护工作产生强烈的兴趣和爱好。他的行为、习惯、需要和动机、气质和能力等方面的活动表现，必然反映出一心为安全工作、一心为人们的安全着想的心理品质。

性格是现实社会关系在人脑中的反映。一个人在日常生活中，干什么，怎么干，总是和他对世界、对人生、对他人、对自己的态度相联系，受其世界观、人生观、理想和信仰的支配。由于人们的任何有意识的行为，总会直接和间接地涉及人与人之间的关系，其行为的社会效应可能有益于社会，符合人民群众的利益，也可能危害社会，损害人民群众的利益。从安全管理角度来讲，有可能维护安全，也有可能影响安全。因此，性格具有道德评价意义，它具有二重性，有好坏之分。

人的性格不是天生的，不是由遗传决定的。人的性格是人在具备正常的先天素质(即脑和神经系统)的前提下，通过后天的人类社会生活实践形成的。这种后天的人类社会生活实践包括家庭、学校和社会。这里的社会是指人类社会生活实践。它包括生产活动、科研活动、日常生活活动等。它贯穿在人生的活动始终，在人的性格形成和发展中起着决定性作用。

人的性格形成和发展不是由社会实践活动机械决定的，而是人在认识和改造客观世界的过程中形成和发展的。人在认识和改造客观世界的实践活动中，由于实践活动的不断积累，主观能动性、积极性的充分发挥，会不断产生新的认识、新的需要和动机，也就有了新的态度和行为方式，从而形成人的新的性格特征。

性格的特征是多种多样的，由此构成复杂的性格结构，通常把它们概括为以下四个方面：

(1) 性格的态度特征

主要是指性格中表现在对现实的态度方面的特征。由于人是社会关系的总和，人在受到社会环境的作用时，并不是消极地接受环境的影响，而总是以一定的态度反作用于环境。由于社会环境的复杂多样，人们对社会环境的态度也会各不相同。具体表现在以下几个方面：

① 对他人，对集体，对社会的态度和行为方式。主要包括：为人正直、诚实有礼貌、富于同情心或为人阴险狡猾、自私虚伪、冷酷无情；热爱集体、善于交际、关心集体荣誉或行为孤僻、独来独往、对集体漠不关心；热爱社会、热爱祖国、热爱人民或反对社会、反对祖国、反对人民，等等。

② 对劳动、工作、学习的态度和行为方式。主要包括：勤奋或懒惰；认真或马虎；富于创造精神或者墨守成规；责任心强或者粗心大意；勤俭节约或者挥霍浪费等。

③ 对自己的行为态度和行为方式。主要包括：谦虚谨慎或骄傲自满；严于律己或宽于恕己；热情大方或怯懦自卑；自信或缺乏自信等。

(2) 性格的意志特征

主要是指人们在对自己行为的自觉调节方式或水平方面的行为特征。具体表现在以下几个方面：

① 个体对自己的行为目标明确的程度和使自己的行为方式受到社会规范制约的意志特征。主要包括：独立性或依赖性；目的性或盲目性；纪律性或散漫性等。

② 个体对自己的行为方式能够进行一定程度的自觉控制的意志特征。主要包括自制力，即善于控制和支配自己行为方式的能力。具体来说，即既能克制自己的情绪和支配行为，又能使自己排除干扰坚持执行决定；自觉性是一个人行为目的明确性的表征，由于能充分认识到自己的行为的社会意义，所以能自觉、主动地使自己的言行服从于社会要求。

③ 个体在紧急或困难的情况下所表现出来的意志特征。主要包括：当机立断或优柔寡断；胆大勇敢或胆小怯懦；镇定自若或惊慌失措，等等。

(3) 性格的情绪特征

主要是指人们在情绪活动中所表现出来的强度、稳定性、持续性和主导心境方面的性格特征。一个人的情绪状态自然影响着他的整个行为活动，当他能够对自己的情绪进行自觉地控制，具有某种稳定的特点时，这些特点就构成了这个人在性格方面的情绪特征。

性格的情绪特征主要表现在以下几个方面：

① 个体情绪活动强度方面的情绪特征。它的具体表现是：有的人情绪一经产生，就比较强烈，很难用意志控制，好像他的任何行为都受他的情绪支配；有的人情绪活动比较微弱，遇到任何事情都能沉着冷静地对待，容易用他的坚强意志来控制情绪的活动。

② 个体情绪活动稳定性方面的性格特征。它的具体表现是：有的人情绪常常容易起伏、波动，有时激动，有时平静，有的人情绪一般情况下没有什么变化，即使遇到了比较危急的情况，也不容易看到他在情绪活动上有什么大的变化。

③ 个体情绪活动持久性方面的性格特征。它的具体表现是：有的人情绪活动一经产生，持续的时间很长，在一段相当长的时间内影响他的生活、学习和工作，甚至影响到他的身体；有的人情绪活动转瞬即逝，情绪变化相当迅速，对他的生活、学习和工作以及身体，都没有什么影响。

④ 个体情绪活动中主导心境方面的性格特征。心境指的是情绪对一个人的身心稳定而持久的影响状态。所谓指导心境是指在一个相当长的时间内，情绪对一个人的身心发生稳定而持久的决定的影响。因此，人与人之间的个性心理不同，他们的主导心境也有区别。例如，有的人经常处于精神饱满、朝气蓬勃、无忧无虑、愉快欢乐之中；有的人则经常处于精神萎靡、抑郁消沉、心事重重、愁眉不展之中；还有的人则可能经常处于埋头苦干、宁静安全之中。这些类型的人，都体现着各自不同的主导心境方面的性格特征。

(4) 性格的理智特征

主要指人们在感知、记忆、想象和思维等认识过程中表现出来的个别差异的性格特征。主要包括以下几个方面：

① 个体在感知活动中的性格特征。一个人在感知客观现实的过程中，他的性格特征的具体表现是：

A. 主动观察型或被动感知型。主动观察型的特点是：不容易受外界人和事的干扰，能按照自己预定的目的和任务进行独立的感知和观察。被动感知型的特点是：很容易受到外界人和事的干扰、影响，干扰自己对客观现实的观察和感知，甚至机体内部的健康状况也会影响到自己对事物的观察和感知。

B. 细致分析型或概括型。细致分析型的特点是:特别注意分析事物的细节,往往能感知别人不易察觉的细小事物。概括型的特点是:在感知过程中,常常是只注意对事物的整体、轮廓的观察了解。

C. 快速型或精确型。快速型的特点是:能尽快地完成观察任务,但对事物的感知不细,往往容易出现丢三落四的现象。精确型的特点是:在观察客观事物时,总是表现出敏锐而精细的判断能力。

② 个体在思维活动中的性格特征。一个人在感知现实世界的过程中,总会将所学前人的知识经验,与自己的亲身经历加以分析比较,抽象概括,做出某种推理和判断,就是人们的高级认识过程,即思维活动。在这种高级认识过程中,有的人善于独立思考,独立分析判断事物;有的人不动脑筋,爱用前人的现成结论、观点、答案,往往不考虑实际情况,只是照抄、照搬、照传;有的人则偏好分析事物,无论遇到什么问题,都要穷根问底,爱问一个为什么;有的人则偏好概括事物,无论遇到多么复杂的问题,都能概括出几个论点来,使人一目了然。

③ 个体在想象活动中的性格特征。一个人在认识客观现实和改造现实的过程中,总离不开想象这种心理活动。根据苏联心理学家列维托夫的研究,想象可以区分为:幻想家和“冷静”的现实主义者;具有现实感的幻想家和想象脱离现实生活的幻想家;主动想象的人和被动想象的人(如果以想象来掩盖自己的无所作为,就是被动想象的人;如果力图通过想象来打开自己的活动领域,便是主动想象的人);片面地选择想象的客体或题材的人和想象的范围很广阔的人;大胆想象的人和想象被阻抑或受限制的人。

按照安全行为方式的特征,可对不同性格的人作如下分析:

① 安全行为自觉性方面的性格特征。表现在从事安全行为的目的性或盲目性;自动性或依赖性;纪律性或散漫性。

② 安全行为的自制方面。表现在自制能力的强弱;约束或放任;主动或被动等。

③ 安全行为果断性方面的特征。表现在长期的工作过程中,安全行为是坚持不懈还是半途而废;严谨还是松散;意志顽强还是懦弱。

人的性格是在长期的社会生活实践中,在社会环境的影响下逐步形成的,性格可以通过教育和社会影响来改变。但是人的性格一旦形成,就有较大的稳定性。所以,安全教育应当从儿童期和青少年阶段就进行,使其从小就树立安全意识和安全责任感。

3. 气　质

所谓气质,是个性心理特征之一。气质是人典型的、稳定的心理特点。平时人们所说的“性情”、“脾气”,就是心理学上的“气质”的通俗说法。

不同的人具有不同的气质。在日常生活中,人们会经常看到,有人活泼好动,兴趣广泛,反应灵活;有的人安静稳重,兴趣单一,反应迟缓;有的人性情十分急躁,情绪表露于外;有的人慢慢吞吞,总是不动声色。这些人与人之间的个性因素方面的差异,在心理学研究中就称其为“气质”的不同。

人的气质按照它的定义来说,是人的典型的、稳定的心理特点。它是通过人的心理活动的强度、速度和灵活性方面等表现出来的。比如说,人在日常生活中情绪发生的强烈或微弱,意志努力的程度如何,这是人的心理活动在强度方面的特征。人对客观事物认识速度的快慢,进行分析综合比较思维的灵活程度，注意条件的时间长短等，这些都是人的心理活动在速度和灵活性方面的特征。

早在公元前5世纪，古希腊著名医学家希波克拉特就观察到不同的人具有不同的气质，从而创立了体液理论。他认为人体内有四种体液：血液、粘液、黄胆汁和黑胆汁。人的气质决定于这四种体液的混合比例。后来的古医学家在希波克拉特等前辈学者研究的基础上，根据哪一种体液在人体内所占的比例，将气质分为四种基本类型，即胆汁质、多血质、粘液质、抑郁质。

巴甫洛夫的神经活动类型学说认为，人的高级神经活动兴奋和抑制的强度、兴奋和抑制的平衡性、兴奋和抑制的灵活性等三种特性的独特结合，构成个人的高级神经活动的四种类型：①强而不平衡类型，又叫不可遏止型，是胆汁质的生理基础；②强而平衡灵活类型，又叫活泼型，是多血质的生理基础；③强而平衡不灵活类型，又叫安静型，是粘液质的生理基础；④弱型，又叫抑郁型，是抑郁质的生理基础。这一理论的研究，虽然还比较粗糙，只是为气质的生理基础问题勾画出了一个轮廓，但它却是到目前为止对气质心理研究的比较科学的论证。

一个人的气质是先天的，后天的环境及教育对其改变是微小和缓慢的。因此，分析职工的气质类型，进行合理的安排和支配，对保证工作时的行为安全有积极作用。综合气质理论的研究和实践观察，多数学者认为，人群中具有四种典型的气质类型，即前面所提到的胆质汁、多血质、粘液质和抑郁质。

（1）胆汁质的特征

精力充沛，直率热情，办事果断；胆大勇敢，不怕困难；反应速度快，思维敏捷；脾气急躁，易于冲动，轻率鲁莽，感情用事；情绪外露，持续时间不长，等等。这种气质类型的人，对任何事物都能发生兴趣，具有很高的兴奋性，但其抑制能力差，行为上表现出不均衡性，所以工作表现忽冷忽热，带有明显的周期性。

（2）多血质的特征

活泼好动，反应迅速；热情亲切，善于交际；适应环境变化，容易接受新鲜事物；智慧敏捷，思维灵活；愉快乐观，情绪外露；兴趣、注意力容易转移，情感容易产生也容易发生变化；急躁与轻浮，体验不深，等等。这种气质类型的人思维、言语、动作都具有很高的灵活性，容易适应当今世界变化多端的社会环境。

（3）粘液质的特征

态度持重，交际适度；内刚外柔，沉着坚定，情感深厚难于变化；意志顽强，埋头苦干，注意稳定，难以转移；善于忍耐与克制，情感平衡而不外露，行为迟缓，沉默寡言，萎靡不振，漠不关心，等等。属于这种气质类型的人，在日常生活中突出的表现是安静、沉着、情绪稳定、思维、言语、动作比较迟缓。

（4）抑郁质的特征

观察力敏锐，感受性很高；感情细腻，做事谨慎，善于觉察别人不易发觉的细微事物；行为孤僻，反应迟缓，严重内倾；情绪体验强烈，胆小怕事，多愁善感，挫折容忍力差；常因一些小事而抱头痛哭，行动扭怩，腼腆、怯懦、言语缓慢无力，行动具有刻板性，等等。属于这种气质的人，在日常生活中遇到困难时常常优柔寡断，束手无策，一旦面临危险的情境，便感到十分恐惧。

上述四种气质类型，在一个大的人群中只有少数人是这些气质类型的典型代表，而大多数人是介乎于各种气质类型之间的中间类型。也可能是以某一种气质类型为主。其他气质类型兼而有之。气质类型无好坏之分。在评定一个职工的气质类型时，不能简单地判定一种气质类型是好的，而另一种气质类型是坏的。我们可根据前面所说的四种类型气质的特征，在企业的生活活动和安全管理中观察和测定一个职工有哪些气质类型特征，这些气质类型特征在其日常生活、学习、工作和同事交往中有哪些具体表现，以便做出较为准确的判断，对安排适当的工作和组织安全教育，是非常重要的。

4. 情　绪

情绪是每个人所固有，受客观事物影响的一种具有以下特征的外部表现，这种表现是体验又是反应，是冲动又是行为。每个人都有自己的认识和体验，人们无时无刻不与情绪发生关系。情绪是在社会发展中，为了适应生存环境所保持下来的一种本能活动，并在大脑中进化和分化。随着年龄的增长，生活内容的丰富和经验的积累，情绪也将随之变化。

由于每个人的生活条件、生活环境都存在差异，因而它们的情绪及其侧重也不尽相同。但在纷繁的情绪中，有一些是基本的、普通的。传统医学把人的基本情绪分为喜、怒、忧、畏、悲、恐、惊七类，用于防病、治病，至今还有临床意义。还有许许多多的情绪类别，如人的期望、厌恶、喜欢、忧伤、气愤、惧怕、自满、羞愧、轻蔑、怀疑等十种情绪。人们对这些情绪已有深刻的体验和认识，也能够理解它们对行为安全的影响。

情绪是在某种条件下产生的，受客观因素的影响，其过程受外部刺激而引起的兴奋状态。例如当接受到令人愉快的不同能量刺激后，就有可能出现欣喜的差别并伴有不同的刺激作用。情绪心理学常用“激活”、“激化”、“强化”来表示它的强度。情绪的发展不是完全按照情绪的强度进行，往往因刺激能量不同造成某一“能级”的情绪。相近的情绪可以相互转换并同时出现，例如忧与惧怕、自满与轻心、气愤与厌恶、渴望与焦虑等。情绪的发展是可以转变的，如从激动转向平静，也可以是积极向上的，如狂喜—悲痛（乐极生悲）、耻辱—愤怒（恼羞成怒）。

情绪影响人的行为是在无意识的情况下进行的。由于人与人之间的各种差异性，如生活条件、心理状态、感受力、经验、性格等，在同一刺激作用下，都可能导致不同的情绪反应。简单地依据某一格式来确定某一情绪，并由此推测导致的行为，往往会发生错误。在通常情况下，情绪之间还是有规律可循的：期望，表现为焦急掩盖于平静之中，对期望事物专注敏感，行为则会较单一、目标性强；厌恶，表现为脸色伤沉、语言激烈或有意迟缓、心理杂乱；欢喜，表现为脸色愉快、轻松、善谈、动作轻快、反应敏捷；忧伤，表现为沉闷、少语、思路乱而联想多，机械反应且迟钝；气愤，表现为气急语重、思路不连贯、寻求发泄、动作短促、用力单一；惧怕，表现为神情紧张、呼吸轻深、慌乱而警惕、动作迟疑、刻板、突发性强；自满，表现为轻松自若、视线分散、希望引起他人注意，行为固执而随意；羞愧，表现为警惕少语、寻求依据成悔，愿独自行动、不愿交谈；轻蔑，表现为轻松自信，思路简单，行动随便，注意力分散；疑虑，表现为少语、精力分散，好回忆、好联想、注意对自己不利的事物，行动滞缓、常打盹、注意力不集中。

从安全行为的角度，应了解：处于兴奋状态时，人的思维与动作较快，处于抑制状态时，思维与动作显得迟缓；处于强化阶段时，往往有反常的举动，同时从情绪看有可能发现思维与行动不协调、动作之间不连贯现象，这是安全行为的忌讳。对某种情绪一时难以评定的人，可临时改换工作岗位或停止其工作，不能让其将情绪可能导致的不安全行为带到生产过程中去。

二、个性倾向性对人的行为的影响

1. 需　要

所谓需要，就是心理的和社会的要求在人脑中的反映。需要是人类生存和发展的必要条件，人类为了生存和发展，必须从自然环境和社会环境中取得某些东西，当人缺乏某种重要刺激时，就会引起人的心理紧张，产生生理反应，形成一种内在的驱力。例如，人缺乏水和食物就会引起口渴和饥饿。人要与环境保持平衡，水和食物就是必需的事物，因此，就产生了对水和食物的需要，所以也可以说，人所缺乏的某种必要的事物在人脑中的反应就是需要。

形成需要有两个条件，一是个体感到缺乏什么东西，有不足之感，另一个是个体期望得到什么东西，有求足之感。需要就是这两种状态形成的一种心理现象，人的一生就是不断产生需要，不断满足需要，再产生新的需要，这样周而复始，直到人的生命终止的一个生命过程。

需要总是特指某种具体事物，需要必须是对一定对象的需要，离开了具体事物和具体对象，就无从研究和观察需要规律。而任何事物和对象的造成，都离不开一定的外部条件，例如，人对食物的需要、对水的需要，在劳动过程中对劳动保护的需要等各种需要都是指向于某种特定的实物，都存在于某种特定的时间和空间条件下。

需要的基本特征是它的动力性。从哲学的观点来讲，个性的需要是个性积极的源泉，正是个性的各种需要，推动着人们在各个方面进行积极活动。任何需要的满足，都必须具备一定的条件，而这些条件的造成又必须是通过人们的劳动来实现的。因而，满足需要也就成为人类从事劳动的目的和内在动力，这也就决定了人们劳动的积极性和创造性的产生。所谓劳动的目的性，实质上就是人的劳动与人的需要作为手段与目的统一，唯有这种人的劳动与人的需要的统一状态，才适合人的要求，也才符合劳动过程的客观性。在这种统一状态中，人的需要就直接转化成人们从事劳动的需要，人就会从自身需要中迸发出巨大的劳动热情和首创精神。

2. 动　机

动机是为了满足个体的需要和欲望，达到一定目标而调节个体行为的一种力量。它主要表现在激励个体去活动的心理方面。动机以愿望、兴趣、理想等形式表现出来，直接引起个体的相关行为。可以这样说，动机在人的一切心理活动中有着最为重要的功能，是引起人的行为的直接机制。

个体的动机与行为之间的关系主要表现在以下三个方面：

① 行为总是来自于动机的支配。某一个体从举手投足，游戏娱乐，到生产活动，无一不是在动机的推动之下进行的，可以说不存在没有动机的行为。

② 某种行为可能同时受到多种动机的影响。比如一个职员的辛勤工作，一方面的动机可能是想获得领导的赏识和提拔，另一方面也可能出自对自身技能提高的一种愿望。不过，在不同的情况下，总是有一些动机起着主导作用，另一些动机起辅助作用。

③ 一种动机也可能影响多种行为。一个渴望成功的个体，其行为可以是多方面的，可能包括努力学习提高、积极参加各种活动、用心培养人际关系网络等。

根据动机原动力的不同，可以把其区分为内在动机和外在动机两种：内在动机指的是个体的行动来自于个体本身的自我激发，而不是通过外力的诱发。这种自我激发的源泉在于行动所能引起的兴趣和所能带来的满足感。正是在这种兴趣与满足感的驱使下，行为主体才会主动地做出某些不需外力推动的行为，并且一直贯彻下去。外在动机是指推动行动的动机是由外力引起的。许多心理学家都特别强调外在动机对个体行为的影响和作用。实际上，任何的奖励和惩罚措施背后都隐藏着外在动机的原理。

在实际生活中，内在动机和外在动机在工作和学习中，都具有十分重要的意义。在不同环境下，两者作用的力度各不相同，所以只有把两者很好地结合起来，才能够对行为起到最佳的推动作用。比如，在激励员工、提高员工工作积极性方面，相应的措施就应该包括两个方面：

① 可以用对工作本身的挑战性，激励员工的斗志和干劲；

② 设计必要的合理的奖惩制度会起到积极的作用。

如何把外在动机迁移至内在动机，使员工发现工作本身的乐趣与成就感，则是工作设计中的重点和难点。

3. 兴　趣

兴趣是指个体力求认识和趋向某种事物并与肯定情绪相联系的个性倾向。

(1) 兴趣的分类方法

兴趣的分类主要有以下两种：

① 物质兴趣和精神兴趣。兴趣是以需要为前提和基础的，人们需要什么也就会对什么产生兴趣。物质兴趣主要指人们对舒适的物质生活（如衣、食、住、行方面）的兴趣和追求；精神兴趣主要指人们对精神生活（如学习、研究、文学艺术、知识）的兴趣和追求。事实上，这种兴趣是与人的需求理论联系在一起的。

② 直接兴趣和间接兴趣。直接兴趣是指对活动过程的兴趣，间接兴趣主要指对活动过程所产生的结果的兴趣。

(2) 兴趣的特点

一般来说，兴趣具有以下三个特点：

① 指向性。任何一种兴趣总是针对一定的事物，为实现某一目的而产生的。个体对他所感兴趣的事物总是心向神往，积极地把注意力集中于该事物并展开相应的活动。

② 情绪性。兴趣和情绪相联系的情况在生活中处处可见，我们常常可以看到个体在从事他们所感兴趣的活动时，总会处于愉快、满意、酣畅淋漓的状态；而个体如果从事的是他不感兴趣的工作，则会觉得索然无味。

③ 动力性。无数事例表明，个体在从事极感兴趣的工作时，能充分调动自身的积极性、想象力和创造力，工作效率也很高。国外的一些心理学家把兴趣描绘为“能量的调节者”，发动着个体储存在内心的力量。

兴趣是与个人的认识和情感密切联系的。任何人，只要他对某一事物有了情感，就会产生兴趣，就会乐而不疲、锲而不舍，自觉、积极以至具有创造性地去探究和为实现目标而努力。认识越深刻，情感越丰富，兴趣也就越深厚。人们往往对自己感兴趣的工作投入大量精力，并且极其认真，而对于不感兴趣的工作则容易采取消极态度。因此，在工作中应尽可能满足其个人特长和要求，以使其产生浓厚的兴趣而产生激发严肃认真的态度。发挥“兴趣效能”，把实现安全的努力过程与享受安全成果的喜悦结合起来，才能充分发挥一个人的积极性和创造性，持之以恒，把人们的注意力长期吸引在安全方面。

4. 理想和信念

(1) 理想和信念的概念

理想是个体对符合事物发展客观规律的奋斗目标的向往和追求，是对未来的设想。理想与个体的愿望相联系，同时又产生于现实的生活之中；以客观事物为依据，同时顺应潮流，合乎规律；既有鲜明具体的想象内容，又怀有深厚、肯定而持久的情感体验。而信念是指激励支持人们的行为的那些自己深信不疑的正确观点和准则，是被意识到的个性倾向，它是由认识、情感和意志构成的融合体。具有信念的人，对构成信念的知识有广泛的概括性，成为洞察事物的出发点，判明是非的准则，并表现出捍卫信念的强烈感情。

(2) 理想和信念的作用

理想和信念一旦形成，便成为个体前进的巨大动力。拥有明确信念和理想的个体，个性稳定而明确，常常爆发出积极性和坚强的毅力，能够忍受难以置信的折磨和痛苦，坚定不移地朝着自己的目标前进。因而，理想和信念对个体的行为在广度和深度上都会产生深远的影响。

第二节　社会心理因素

一、社会知觉对人的行为的影响

知觉是指眼前客观刺激物的整体属性在人脑中的反映。客观刺激物既包括物也包括人。人对物的知觉与人对人的知觉有很大区别。人在对别人感知时，不只停留在被感知的面部表情、身体姿态和外部行为上，而且要根据这些外部特征来了解他的内部动机、目的、意图、观点、意见等。同时个人对他人的知觉，也受到本身的动机、感情、个性、价值观等方面的制约。因此，社会心理学使用专门术语——社会知觉，来表达人对人的知觉。社会知觉是指个人在一定社会环境中对他人和团体的知觉。

行为科学认为人的行为往往是为了调整和适应环境。但是实际影响人的行为的，往往不是客观环境本身，而是在人对环境的知觉过程中所形成的笼统的印象和评价。因此，要使人的行为更好地适应环境，增强自觉性，减少盲目性，就必须了解人的社会知觉发生偏差的原因，以便使人的社会知觉反映尽可能客观实际。

1. 社会知觉的分类

一般来说，人的社会知觉可分为三类：

(1) 对个人的知觉

主要是对他人外部行为表现的知觉，并通过对他人外部行为的知觉来认识他人的动机、感情、意图等内在心理活动。对他人的知觉依赖于两类因素：一是受他人外部特征的影响，包括一个人的仪表、风度、言谈、举止等。一个仪表堂堂、谈吐文雅的人在与人初次见面时就会给人以良好印象；反之，一个相貌不端、举止失当的人，在与人初次见面时就会给人形成一个不良的印象。当然，随着人与人之间交往次数的增多，人们会更多地注意他人的内在品质，但对交往之初所产生的知觉也是不能忽视的。二是知觉者已经形成的态度定势。知觉者并不是消极被动地对别人进行感知，而是把个人已有的情感、动机、意图、价值观念带到知觉过程中去。俗话说的“仁者见仁、智者见智”，就是批知觉者的态度对其知觉的影响。例如注意道德的人就会先注意被知觉者的道德表现，并按道德品质分类标准把他归入一定类别；注意能力的人就会首先注意被知觉者的能力表现，并按自己已有的能力分类标准把他归入一定类别。总之，对个人的知觉受着他人的外部特征和本身态度定势的综合影响。

(2) 人际知觉

人际知觉是对人与人关系的知觉。人际知觉的主要特点是有明显的感情因素参与其中。例如对人是讨厌还是喜欢、接受还是排斥、憎恶还是同情，等等。人际知觉受人际交往过程中的许多因素影响，如彼此态度的相似性、交往的频率、接近的程度等。一般来说，彼此态度越相似、交往越频繁、地理位置越近，则越容易产生友好、同情、热爱的感情。

(3) 自我知觉

自我知觉是指一个人对自我的心理状态和行为表现的概括认识。一个人对别人的知觉与对自己的知觉带有更多的主观因素。知觉者同时又是被知觉者，使自我知觉更多的受主观成分的影响。实际上，一个人很难直接观察和认识自己的行为。个人对自己认识的客观标准往往是他人对自己行为的评论、反应。例如一个人要认识自己对别人是友好的还是冷漠的，自己只有听到他人的反映时才能下结论。如果仅根据自己的心理感受而评价自己，就带有很大的主观性和片面性。有的人内心想与他人友好相处，但却因为行为表现不恰当，常常使别人产生反感，别人会评价他并不“友好”。二是自我知觉带有更强烈的情感成分。一个人对自己是接纳还是排斥，喜欢还是厌恶，这种主观感受强烈地影响自己对自己的知觉。例如自信心强的人往往会高估自己的行为结果，而自卑感强的人会低估自己的行为结果。因此，真正正确地认识自己，做到有自知之明并不是一件容易的事情。

2. 知觉产生错误的原因

人的社会知觉与客观事物的本来面貌常常是不一致的，这就会使人产生错误的知觉或者偏见，使客观事物的本来面目在自己的知觉中发生歪曲。人对他人产生偏见的原因有以下几点：

(1) 第一印象作用

第一印象作用是指两人初次见面时彼此留下的印象。对他人的知觉过程中，第一印象不仅立即影响对他人的好恶态度，而且会影响以后对他人一系列行为的解释。比如男女青年谈恋爱时，若第一次见面各自给对方留下了好的印象，那么往往使双方在以后的交往中会从好的方面来解释对方的行为，加深两者的关系；反之则会在以后的交往中使双方从坏的方面来解释、猜疑对方的行为。

(2) 晕轮效应

晕轮是指佛像身后的光晕，原意是指人们对于高尚的东西给予更高尚的评价。晕轮效应是指个人在对他人知觉的过程中，由于对方的某些品质和特征非常突出，从而掩盖了对于对方其他特征和品质的知觉，对方突出的特征和品质起了类似晕轮的作用。例如，对于声望较高的人，人们会把他想象得更加完美；对于相貌美丽的人，人们会把她想象成聪明伶俐的人；而对于长相古怪的人，人们则可能把他想象为冷酷无情的人，等等。

(3) 优先效应与近因效应

优先效应是指一个人最先给人留下的印象会抑制以后他给人的印象，这与第一印象的作用有类似的地方。近因效应则是指一个人最后给人的印象会抑制以前所形成的印象。两种效应表明，在知觉的时间顺序上，被知觉对象开始和结束时的表现给人的印象最深刻，例如，学生或听众对教师讲课或领导者报告中开始或结尾的话容易留下清晰的印象。

(4) 定型作用

定型作用是指个人头脑中存在的某一类人的固定形象对他知觉别人过程的影响。人们在长期社会生活中，常常会不自觉地对人按年龄、性别、职业、居住地以及外表特征进行分类，以一定形象的人作为一类人的标志，并以此人作为自己在知觉他人过程中判断的依据。如儿童往往把相貌丑陋、歪戴帽子、口叼香烟的形象归为坏人一类，一见到这种形象的人就称为坏人。儿童的这种定型是在看电影、电视、连环画中形成的。实际上，成人的头脑中也有很多定型。如年轻人认为老年人墨守成规，老年人认为年轻人轻浮幼稚；又如人们认为女同志耐心细致，男同志粗枝大叶，山东人彪悍好斗，四川人吃苦耐劳，上海人精明强干，等等，这都是人们头脑中的定型。这些定型往往会不自觉地影响到对他人的知觉判断。

定型作用有助于人们对他人做概括的了解，但简单地类化往往会忽视每个人的特点，不容易对他人做出明确、中肯的判断，可能使知觉判断发生错误。例如老年人并不都是墨守成规，其中也不乏开拓进取者。如果见到老年人就判断为墨守成规，显然会造成偏差。同样，年轻人也并非都是轻浮幼稚的，其中也不乏稳重成熟者，如果见到年轻人就认为其轻浮幼稚，显然也会造成偏差。

二、价值观对人的行为的影响

价值观代表一个人对周围的人和物的是非、善恶、美丑及其满足自己需要的重要程度的评价，它是一个人世界观、道德观、审美观的综合。在现实生活中，人们都在依据一定的价值标准对周围的事物进行评价。如有的人认为远大革命理想最有价值，因为它能推动一个人献身国家建设，造福人民；有的人认为处好人与人之间的关系最有价值，因为它有利于工作和个人身心健康；有的人则认为金钱最有价值，因为它能满足自己物质享受的需要。可见，所持的价值标准不同，对事物的价值判断也不同。在每个人的心目中，都存在一系列的价值评价标准，如理想、事业、平等、幸福、地位、金钱、妻子儿女、尊重、勤奋等，在不同人的心目中都有一个轻重主次的排列顺序。按轻重主次排列的一系列价值标准就称为价值体系。价值标准和价值体系构成了人的价值观。价值观是人的行为的重要心理基础，它决定着个人对人和事的接近或回避、喜爱或厌恶、积极或消极。因此，行为科学很重视价值观对人的行为的影响。

美国的行为科学家在对企业各类人员的大量调查基础上把人的价值观和生活方式分为七个等级：

第一级：反应型。这类人对事物只是按照自己的生理本能做出反应，而不顾其他任何条件。这种人是极少数。

第二级：忠诚型。这种人依赖性强，服从于传统的习惯和权势。

第三级：自我中心型。这种人个人主义极重，自私自利，爱寻衅闹事，主要服从于权力。

第四级：坚持己见型。这种人很难接受别人的意见和建议，难以接受不同的价值观，总希望别人接受自己的价值观。

第五级：玩弄权术型。这种人控制欲强烈，通常采用通过操纵别人的方式来达到个人目的，实用主义严重，以各种方式争取地位或社会影响。

第六级：社交中心型。这种人重视被人喜欢和尊重，重视与人相处而不十分重视自己的发展。

第七级：存在主义型。这种人能高度容忍不成熟的意见和不同的观点，敢于批评制度的僵化、权力的强制使用、虚挂职务等有碍于企业效率的现象。

人的价值观是在个人的生活过程中，经过家庭或社会的教育而形成的，并且强烈地受到人的世界观的制约。人的价值观一旦形成以后，就会保持相对的稳定性，并且强烈地影响到个人对周围事物的态度和行为。因此，应该充分重视对人的价值观的研究。

三、角色对人的行为的影响

在社会生活的大舞台上，每个人都在扮演着不同的角色。有人是领导者，有人是被领导者，有人当工人，有人当农民，有人是丈夫，有人是妻子，等等。每一种角色都有一套行为规范，人们只有按照自己所扮演的角色的行为规范行事，社会生活才能有条不紊地进行，否则就会发生混乱。

所谓角色，是指围绕人的地位所产生的一套权利义务系统和行为方式。有的心理学家认为角色由三个侧面构成：

① 角色期待，指社会和人们对某种角色的期望和要求。如人们对领导者的期待是有胆有识，能谋善断，能率领下级干一番事业，同时又关怀并尊重下级，给群众带来好处；对教师的期待是知识渊博，循循善诱，能培养出有才华的学生；对妻子的期待是举止端庄，贤惠善良，能体贴和关怀亲人，等等。实际上，社会对每一种角色的期待都是不同的。

② 角色知觉，指个人对自己所扮演角色的认识和理解。由于社会因素及个性因素的影响，人们对自己所扮演角色的认知和理解，常常与角色实际应该具有的行为规范有差距，这就会产生个人行为失当的现象。如青年人之间嬉闹玩笑，无拘无束，但如果有的青年人以这种行为方式来对待长辈，就会被别人视为缺乏礼貌。

③ 角色行为，指个人在角色期待与角色认知的基础上去实现自己的角色。如领导者确实尽了领导的责任，父亲确实尽了父亲的责任，教师确实尽了教师的责任，这就是实现了角色行为。

角色实现的过程就是个人适应环境的过程。在角色实现的过程中，常常会发生角色行为的偏差，使个人行为与外部环境发生矛盾。发生角色偏差的原因有以下几种：

① 角色期待不明，即社会对一种角色的行为规范要求暧昧不清，使个人不知道怎样去实现角色。比如，对新进校的学生、新入厂的工人、新入伍的战士，不及时进行行为规范教育，那么就会发生角色期待不明的现象，使个人手足无措，不知如何行动，或贸然行动而违反纪律。在工作中任务不清、职责不明，也会发生角色行为偏差。

② 角色认知发生错误，指角色期待明确，但个人对角色的认知不正确，从而发生的角色行为偏差。如儿子不懂孝敬父母，售货员不懂怎样对待顾客，领导者不懂怎样爱护下级，就会发生行为偏差。

③ 角色发生冲突，当社会要求一个人扮演两种以上不同性质的角色时，或对一个角色有若干种不同性质的期待时，就可能引起角色冲突。如婚后的青年又要当父亲的儿子，又要当儿子的父亲，还要做妻子的丈夫，这就往往会形成角色冲突，使个人行为顾此失彼。又如在存在多个领导的单位，一位领导者要求下级服从自己的指挥，而另一位领导者又要求下级服从他的指挥，这也会使下级发生角色冲突，不知如何去行动或发生行为失当。

第三节 社会因素

一、社会舆论对个人行为的影响

社会舆论又称公众意见，它是社会上大多数人对共同关心的事情，用富有情感色彩的语言所表达的态度、意见的集合。舆论所反映的往往是人们的共同需要和愿望。

社会舆论按其形成方式有自上而下和自下而上两种。自上而下的舆论，是由国家领导的机关单位发出的并在人民群众中传播的大众意见，如国家某个机关单位通过报纸、电台、电视，对某种指令、政策有计划、有目的、有组织地加以宣传，使之被多数人所知晓，并且引导群众议论、讨论，以形成一致性的意见。自下而上的舆论是由部分个人或群众团体首先发出，接着由其他群众发表议论，逐渐扩散、传播而形成的舆论，如群众中对某些社会新闻的议论、传播，就是自下而上的舆论。任何舆论的形成，都有一个复杂的议论、评价、相互感染、相互传递的过程。

按性质可将社会舆论分为赞助性、谴责性和流言性三种：赞助性的舆论，是人们对正义的、美好的、善良的人和事的支持和鼓励性的大众意见。谴责性的舆论，是指对非正义的、不道德的、丑恶的人和事的批评、控诉、揭露、抵制的大众意见。流言性的舆论是经少数人有意或无意地传播谣言或小道消息，其他群众不辨真伪也跟着传播而形成的舆论。

社会舆论会在很大程度上影响个人的行为，它既能鼓舞人的行为，也会抑制人的行为。舆论对个人行为的影响主要表现在以下几点：

① 指出行为方向。社会舆论一旦形成以后，往往会形成多数人占优势的意见，对人们的行为起定向作用。舆论实际上对多数人的行为起着参照物的作用，多数人会按照舆论的要求去行事，而使少数不同意见者无法发表自己的看法，只能保持沉默。有的人则会产生从众心理，改变自己原来的意见和态度而服从舆论。保持沉默或从众都是迫使个人改变原来的行为方向，而与舆论保持一致。

② 强化正当的个人行为。特别是赞助性舆论，能使赞助者以及参加舆论的个人受到激励、鼓舞、暗示、感染，产生心理上的共鸣，从而能强化那些有利于大众和社会的行为，使人们学习模仿赞助的行为，使好的行为发扬光大。

③ 能改变个人对自己行为的认知。舆论会给个人心理产生强烈刺激，促使人重新省察、认识自己的行为。使具有不正当行为的人处于自责、自愧的心理状态从而改变原来的行为方向，如社会舆论一致谴责某人不道德的行为，就可能使这个人感到无地自容，内心有愧，从而改变不道德的行为。

总之，舆论是促使个人改变行为的强大社会力量。好的社会舆论会激发人、鼓舞人、催人向上，使正气发扬光大；而不好的社会舆论则会使谬误流传，逼人就范，给社会和个人造成损失。因此，要重视各种社会舆论对人们心理和行为的影响。

二、风俗与时尚对个人行为的影响

风俗是指某个地区内社会多数成员比较一致的行为趋向。风俗是在人们世世代代的生活中形成并保持下来的。在各个地区内长期居住的居民，从婚丧嫁娶到生活礼仪，一般都有自己的风俗。

风俗起着规范社会的作用，有约束人们行为的力量。一般人都有顺从风俗的趋向，因此，按风俗行事往往成为了人们习惯化、固定化了的行为方式。正因如此，风俗对人的行为影响是非常深广的。我国古代曾有“入乡问俗”的说法，告诉人们到一个地方去，首先要了解当地风俗并按当地风俗行事，否则就会给自己的行动带来麻烦。可见风俗对外地人的行为也有强制性。

所谓时尚，是指人们一时崇尚的行为方式。时尚又叫“时髦”，如穿着时髦的服装，听流行歌曲，都是时尚。时尚对人是一种新异刺激物，人们通过对这种新异刺激的追求，会获得某种心理上的满足。

时尚流行，往往对人们的行为具有强大的诱惑力量，促使人们的行为与时尚求同。它对人们的行为影响是：

① 促使人们自然地遵从。人们都有一种心理趋向，即凡是大家公认的东西，个人也乐于接受。盛行的时尚，往往使大家自然而然地遵从它，模仿它。

② 直接影响人们的审美价值观念。人们往往认为，合乎时尚就具有审美价值，不合乎时尚就缺乏审美价值。这种审美意识会促使人们去追求时尚。

③ 时尚对人们行为的影响存在差异。一般来说，时尚对儿童和老年人影响较小，而对青年人影响较大；对男性影响相对小一些，而对女性影响较大；对具有进取精神的人影响较大，而对于墨守成规的人影响较小。

三、正确看待各种社会因素对个人行为的影响

个人在社会中生活，其行为受到各种各样因素的影响。各种因素，对人的行为的影响作用是不尽相同的。

影响人们行为的主要因素，是一定的社会存在和社会意识形态。社会存在是指人们的经济地位、政治地位以及社会生活条件；社会意识形态则是指一定人群的理论化、概括化了的思想观点，如世界观、道德观、人生观等。人们在一定的社会经济地位中生活，其行为和心理强烈地受到客观存在，即经济生活条件和意识形态的影响，自觉或不自觉地遵守其社会的行为规范，接受其存在的世界观、人生观、思想、情感、态度等。因此，从根本上讲，影响个人行为的是经济地位和社会意识形态。

人不是消极被动地接受社会因素的影响，个人的主观因素如认知、情感、需要、动机、意图、态度、价值观、世界观等，也对个人的行为有很大的制约作用。客观因素与主观因素对个人的行为的影响既有区别又有联系。客观因素对个人行为的影响是间接的，它往往通过主观的因素对个人的行为发生作用。而主观的因素对个人行为的影响是直接的，但它来源于客观因素并强烈地受其制约。一个社会人所具有的世界观、人生观、价值观，只有转化为个人的动机、目的、态度，才能对个人行为发生作用。反过来，人的动机、态度的形成和变化，又是由客观的因素所决定的。我们必须辩证地看待主观与客观两类因素对人的行为的影响，全面认识和理解

影响人的行为的各种因素。西方的行为科学注重个人心理因素和微观环境对人的行为的影响，在一定程度上揭示了微观环境中个人心理和行为活动的规律性。但它往往忽视了宏观的社会因素对个人行为的影响，这具有一定的片面性。

第四节　生理因素

人的安全行为主要与性别、年龄、视觉、听觉、反应能力、记忆力、观察力、生物节律、疲劳状况等生理因素有关。

一、年　龄

不同年龄段的人有着不同的年龄特征。年龄增长引起的身体变化也是一个重要的生理因素。例如，儿童时期的脑电波不稳定，过了20岁以后，脑电波开始稳定下来，这说明大脑神经随着年龄增大而聚合成长。过了20岁，聚合基本完成，身体也发育成熟了，但是往往思想方面仍不够成熟。人的老化也是如此，老龄不可避免地带来身体的各种功能降低，特别是视力、高频听力、呼吸量、体力等更为明显。而在精神功能方面还能保持到相当年龄，并更趋成熟。但是需要高度抽象的智力成果，如数学、计算机软件等杰出的成就绝大多数都是在中年以前取得的。

二、人的感官系统

人体的感官系统又称感觉系统，是人体接受外界刺激，经传入神经和神经中枢产生感觉的机构。人的感觉按人的器官分类共有七种，通过眼、耳、鼻、舌、肤等五个器官产生的感觉称为“五感”，此外还有运动感、平衡感等。

人—机—环境系统中安全信息的传递、加工与控制，是系统能够存在与安全运行的基础之一。人在感知过程中，大约有80%以上的信息是通过视觉获得的，可以说视觉是最重要的感觉通道。人开始行动之时，靠视觉接受外界条件的大部分信息，并依此判断而后才采取行动。就通过视觉而来的刺激而言，若视力不佳则极易产生错误判断，从而导致行动上的失误，这就有发生事故的可能性。

听觉系统是人获得外部信息的又一重要感官系统。在人—机—环境系统中，听觉显示仅次于视觉显示。由于听觉是除触觉以外最敏感的感觉通道，在传递信息量很大时，不像视觉那样容易疲劳，因此一般用做警告显示，通常和视觉信号联用，以提高显示装置的功能。

人对信息的自理速度——反应能力。反应能力的好和差可用时间的长短来表示。正常人对单一刺激反应的时间在0.5～0.75秒内。反应能力是应急能力的基础。一个人反应能力好，在生产中遇到紧急情况或事故将要发生的瞬间，表现沉着冷静，能在极短的时间内，果断采取措施，避免事故或使事故降级，减少损失。在这里还需要提示一下，反应能力不但在反应时间上有所表现，也可反映出人知识的渊博和经验的积累。例如：有两个人同时横越铁路线时，某个人对铁路知识有所了解而另一个人对铁路知识一无所知，对铁路知识有所了解者在通过铁路线时执行了一停、二看、三通过的基本要求，那么即便出现突发情况，假如列车迎面而来，他的第一反应就是迅速离开铁路线，保持不侵入车辆界限，从而保证了自身的安全。这也反映出了他极高的反应能力。而另一个人在突发情况时头脑产生犹豫，是向前还是向后，因此耽误了时机造成了人身伤亡的惨剧。这就是我们日常所说的自己蒙了，实际就是反应能力迟钝造成的。这说明自身的知识可以提高和保持反应能力，控制并消除降低反应能力的因素，对保证安全生产也同样重要。

三、人体自身的变化规律——人体生物节律

目前科学实验已证明，人的生理、心理、表现及特征除受一定客观因素影响外，也有其不以人的意志而改变的自身变化规律，此规律称为人体生物节律。人体生物节律告诉我们：人的体力、情绪、智力从他刚出生那天起就按正弦曲线周期变化着，人的一切行为都受到它的影响。科学研究证明，体力循环周期为 23 天，情绪循环周期为 28 天，智力循环周期为 33 天。我们把周期的正半周称为高潮期，负半周称为低潮期，一般临界点正弦曲线与时间轴的焦点前后差 1～2 天。具体来讲以正弦曲线与时间轴为中心，人的体力高潮期为 10 天，临界期为 3 天，低潮期为 10 天；人的情绪高潮期为 12 天，临界期为 3 天，低潮期为 13 天；人的智力高潮期为 14 天，临界期为 4 天，低潮期为 15 天。这样就形成了人体生物节律的循环。

生物节律处于不同的时期，人的生理表现也不同。总的来看，在高潮期，人的表现为精力旺盛，体力充沛，反应灵敏，工作效率高；低潮期的表现为情绪急躁，体力衰退，容易疲劳，反应迟钝，工作效率低；在临界期，人体变化剧烈，机体各器官协调功能下降，处于不稳定状态，工作中容易出现差错，出事故的可能性很大；如果体力、情绪、智力三种节律同时处于临界期，就极容易发生事故。此时期称为“危险期”。对于节律处于此时期的生产工人，我们一定要对他多加提醒、关照。关键岗位上或单人从事危险作业时，可以临时暂停其工作或暂调工作。

四、人体常见的生理反应——疲劳

人体疲劳时，生理机能下降，反应迟钝，工作笨拙，工作效率降低，出现差错较多，极易发生事故。

人体疲劳有客观因素，但也有其自身规律。人的精力也是有限的。从时间上看，一般人在凌晨 2～6 点，中午 12～14 点是最容易疲劳的时间段，尤其是司乘人员，得不到充分的休息，因疲劳驾驶造成的严重行车事故更是屡见不鲜，在媒体上也时有报道；还有轮班制企业职工，在上班前不能充分休息，生产过程中产生身体疲劳，既给本人身体造成伤害又给企业带来经济损失。因此如何让生产中的生产者保持充沛的精力是很值得研究并解决的问题。

生理疲劳以肌肉疲劳为主要形式。当工作活动主要由身体的肌肉承担时所产生的疲劳，被称为肌肉疲劳。产生肌肉疲劳时表现出乏力，工作能力减弱，工作效率降低，注意力涣散，操作速度变慢，动作的协调性和灵活性降低，差错及事故发生率增加，工作满意感降低，等等。

第五节　环境、物的状况

人的安全行为除了内因作用的影响外，还受外因的影响。环境、物的状况对劳动生产过程的人也有很大的影响。

环境变化会刺激人的心理，影响人的情绪，甚至打乱人的正常行动，即会出现这样的模式：环境差⟶人的心理受不良刺激⟶扰乱人的行动⟶产生不安全行为；反之，环境好，能调节人的心理，激发人的有利情绪，有助于人的安全行为。环境因素主要包括以下几个方面的

内容：

① 自然因素：包括气象、自然光、气温、气压、风流等；

② 人工因素：包括工作场所、岗位、设备、物流等；

③ 物理因素：包括气温、气压、温度、光、环境、声环境、辐射、卡他度（对人体散热速率影响的一种综合指标）、负离子等；

④ 化学因素：氧气、尘、有害气体等。

物的运行失常及布置不当，会影响人的识别与操作，造成混乱和差错，打乱人的正常活动，即会出现这样的模式：物设置不当⟶影响人的操作⟶扰乱人的行动⟶产生不安全行为；反之，物设置恰当、运行正常，有助于人的控制和操作。

环境差（如噪声大、尾气浓度高、气温高、气温低、湿度大、光亮不足等）造成人的不舒适、疲劳、注意力分散，人的正常能力受到影响，从而造成行为失误和差错。由于物的缺陷，影响人机信息交流，操作协调性差，从而引起人的不愉快刺激、烦躁知觉，产生急躁等不良情绪，引起误动作，导致不安全行为。要保障人的安全行为，必须创造很好的环境，保证物的状况良好和合理，使人、物、环境更加协调，从而增强人的安全行为。

本章小结

本章主要分析了影响人行为的个性心理因素、社会心理因素、社会因素、生理因素以及环境、物的状况。在学习的过程中，要深入理解这些因素的特点及对行为的影响表现，为以后安全行为科学的应用打下基础。

自我小结

自测题

1. 影响人行为的因素主要从哪些方面分析？
2. 影响人行为的个性心理因素有哪些？
3. 影响人行为的社会心理因素有哪些？
4. 影响人行为的社会因素有哪些？
5. 影响人行为的生理因素有哪些？
6. 人的气质分为哪四种类型？
7. 人的社会知觉可分为哪三类？
8. 人对他人产生偏见的原因主要有哪些？
9. 在作业过程中，环境因素如何影响人的安全行为？

自测题参考答案

1. 个性心理因素、社会心理因素、社会因素、生理因素、环境因素。

2. 影响人安全行为的个性心理因素主要包括个体的个性心理特征和个性倾向性两个方面。个性心理特征指一个人身上经常、稳定地表现出来的心理特点，主要包括能力、性格、气质和情绪。它主要包括需要、动机、兴趣、理想和信念。个性倾向性是人进行活动的基本动力，是个性中最活跃的因素，它制约着人所有的心理活动，表现出个性的积极性。

3. 社会知觉、价值观、角色。

4. 社会舆论、风俗与时尚。

5. 人的安全行为主要与性别、年龄、视觉、听觉、反应能力、记忆力、观察力、生物节律、疲劳状况等生理因素有关。

6. 多血质、胆汁质、粘液质、抑郁质。

7. 对个人的知觉、自我知觉、人际知觉。

8. 第一印象作用；晕轮效应；优先效应与近因效应；定型作用。

9. 环境差⟶人的心理受不良刺激⟶扰乱人的行动⟶产生不安全行为。

第四章　人的事故心理分析

本章知识框架结构图

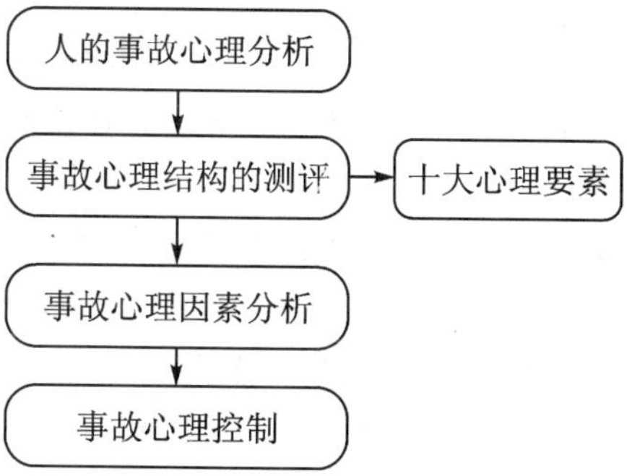

知识导引

引起事故的原因是多种多样的，既有设备的因素，也有人的因素。人的因素中除了生理上的因素外，还有心理因素。而心理因素常常是导致事故发生的主要的，甚至是直接的因素。本章主要从心理学角度分析了人的事故心理，通过对事故心理因素的研究，可以了解发生事故时人的心理特点，从而达到事故心理控制的目的。

本章的学习重点及难点

重　点：测评事故心理指数的方法；造成事故的心理因素分析及控制方法。

难　点：造成事故的各项事故心理之间的关系以及定量分析；心理与事故原因的关系等。

核心概念：事故心理要素、侥幸心理、麻痹心理、偷懒心理、逞能心理、莽撞心理、心急心理、烦躁心理、好奇心理、自满心理、粗心心理。

本章需要思考的问题

通过本章的学习，需要思考如下问题：

1. 事故心理结构的要素有哪些。
2. 可能造成事故心理指数模型以及各因素之间关系。
3. 心理学与事故原因的关系。
4. 事故发生前的人在行动起点上的心理因素有哪些。
5. 事故心理控制方法。

相关的阅读材料

学习阅读一般心理学、事故心理学、人因系统模型理论等相关资料。

本章学习目标

本章的学习目标是：

◇ 了解发生事故的心理因素及之间的关系。

◇ 掌握事故心理控制的方法。

教学活动建议

搜集事故心理、人因系统模型相关资料，结合读者实际情况，组织讨论学习。

第一节 事故心理结构的测评

一、概 述

人的心理包括极其广泛的内容：从感觉、知觉、记忆、想象到思维；从情绪、感情到意志；从兴趣、习惯、能力、气质到性格个性，等等。事故的心理因素是对影响和导致一个人行为而发生事故的心理状态和成分的总称。

导致事故的心理虽然不如人的全部心理那样广泛，但仍然相当复杂，而且其中各种因素之间又是相互联系、依存，相互矛盾、制约的。在研究人的导致事故的心理过程中发现，影响和导致一个人发生事故行为的种种心理因素，不仅内容多，而且最主要的是各种因素之间存在着复杂而有机的联系。它们常常是有层次的，互相依存，互相制约，辩证地起作用。为了便于研究，人们把影响和导致一个人发生事故行为的种种心理因素假设为事故的心理结构。

事故心理结构，是由众多的导致事故发生的心理要素组成的。在实际工作中，可以说，只有当一个人形成一定的引起事故的心理结构，而且具有可能引起事故的性格，并且碰到一定的引起事故的机遇时，才会发生也必然发生引起事故的行为。由此，可得出最基本的逻辑模型：

造成事故的心理结构＋事故机遇⟶导致事故的行为发生⟶事故

根据这一事故模型不难看出：

① 在研究引起事故发生的原因时，首先要考虑造成事故者的心理动态，分析事故心理结构及其对行为的影响和支配作用，从而可以弄清事故心理结构和其事故行为的因果关系。从这个意义上来说，通过研究造成事故者心理结构的内容要素和形成原因，探寻其心理结构形成过程的客观规律，便能寻究和找出发生事故行为的人的心理原因。

② 在研究事故的预测问题时，首先应着重于研究造成事故的心理预测，实际上就是通过对造成事故心理的调查研究、统计、分析，在生产过程中进行预测。当某一个体的心理状况与造成事故的结构的某些心理要素接近相似时，该个体发生事故行为的可能性便增大。因此，造成事故心理预测在很大程度上是根据造成事故心理结构的内容要素进行人的心理状况的预测。

综上所述，进行造成事故者的心理结构及其性格估量的分析讨论，有着理论和实践两方面的意义。

二、事故心理结构的要素

在生产过程中发生工伤事故的因素很多，而造成事故者的心理状态常常是导致事故的主要的，甚至是直接的因素。造成事故的心理结构复杂多样，在事故心理结构设计时，不可能把所有的事故心理因素列出，为便于研究，现归纳为十大心理要素：

A. 侥幸心理。例如某一建筑工人，平时一直坚持戴安全帽上班。有一天临时有人找他，因为匆忙，忘了戴安全帽，他以为就一会儿工夫，不会出事，因此未戴安全帽。当他走到手架边，正巧一块砖头不偏不倚地掉到了他头上。

B. 麻痹心理。例如某厂操作卷扬机的女工，平时总用手拨大卷筒上卷乱了的钢丝，因为从未出过事故，所以她麻痹了，但钢丝绳却无情，就在这样的动作中将其手和身体卷了进去。

C. 偷懒心理。例如搅拌机附近平台上有些散落的砂子，本来用铁锹铲到搅拌机里便可解决问题。但有位工人却懒于多走几步去取铁锹，而是抬起脚往搅拌机里抹，结果一个脚未站稳，右脚便陷入到搅拌机里。

D. 逞能心理。例如某厂青工，在工休之余同其他青工打赌说："谁从五米高的平台边走一圈，我请客"。有位青工为表示自己的"勇敢"，随即身体力行，但没走几步，身体便因失去平衡而从高空坠落。

E. 莽撞心理。例如面前有条基坑，本可多走几步绕过去，但某人却过高估计自己的力量，认为可以跨过去，结果却落入毛石坑中，腰伤头破。

F. 心急心理。例如有些工作需要当天完成，但想到下班以后要去接孩子，为了不延误下班时间，心急求快的念头便产生了，于是安全规程被抛置脑后，必需的工序也省掉了，但往往欲速则不达，祸事降临。

G. 烦躁心理。例如上班前刚同妻子吵了架，心中委屈、不平、气愤，于是心情非常烦躁。在这种情况下，就容易榔头打到手上，木头绊到脚上，甚至可能酿成不幸的事故。

H. 粗心心理。例如一位卷扬机司机，下班后扬长而去，可卷扬机未切断电源，按钮开关掉在地上未拾起，半夜下起雨来，开关头浸进雨水而形成通路促使卷扬机开动起来，结果拉倒了井架，绞坏了卷扬机。

I. 自满心理。例如工作多年的工人，自以为技术过硬而自满，对有关规程抱无所谓的态度。因此，有位电工在拆除电线时不切断电源而被电倒在地。还有的焊工，汽油桶不清洗就补焊，造成爆炸。

J. 好奇心理。例如不少青年工人对其他工种的设备好摸摸，弄弄。有位青工出于好奇，擅自驾驶从未驾驶过的机动翻斗车，结果撞坏了车，轧伤了人。

三、可能造成事故的心理因素及估量

当某种造成事故的心理结构的若干因素，在一个人的个性中占重要地位，甚至成为一定的支配力量时，这个人就有较大可能造成事故的心理因素。显而易见，较容易形成事故心理结构和可能造成事故性格的人，也就比较容易造成事故。因此，对可能造成事故的性格不仅要做定性的分析，而且要做定量的估量。

根据造成事故心理结构的诸成分的分析，我们试以一个比较简单的公式粗略表示造成事故心理结构中诸成分之间的相互关系，借以给予可能造成事故性格的一个量的指标，这个量的指标可以叫做可能造成事故心理指数，用字母 Z 来表示。那么，可能造成事故心理指数 Z 与造成事故心理结构中诸成分之间的关系可表示为如下公式：

$$Z=\frac{A+B+C+D+E+F+G+H+I+J}{L+M}$$

在这个公式里，L 表示事业感和工作责任心；M 表示遵守安全规程，有安全技术和知识，有自制力。A、B、C、D、E、F、G、H、I、J 分别表示前述造成事故心理结构中的各项成分。由此不难看出：

① 造成事故的行为发生的可能性与 A、B、C、D、E、F、F、H、I、J 诸项的代数和成正比，而与 L 和 M 的代数和成反比。

② 可能造成事故的心理指数 Z 的值越大，发生事故行为的主观可能性（或危险性）也就越大。

为了便于估量和比较，初步拟定粗略的评分标准：$A \sim J$，各 10 分；L 和 M 各 50 分。在各项均取得标准分值的情况下，可能造成事故的心理指数 Z 亦得到一个标准值 1，其讨论过程如下：

讨论：

① 当 A、B、C、D、E、F、G、H、I、J 各项均取得标准评分值，而 L 和 M 和的代数和小于标准评分时，可能造成事故的心理指数 Z 的值必大于标准值 1。

② 当 L 和 M 均取得平均值，而 A、B、C、D、E、F、G、H、I、J 各项的代数和大于标准评分时，可能造成事故的心理指数 Z 的值亦必定大于标准值 1。

③ 当 A、B、C、D、E、F、G、H、I、J 各项代数的和大于标准评分，而 L、M 两项的代数和又低于标准评分时，则可能造成事故的心理指数 Z 大于标准分 1。各项成分的评分细则可参考下列标准：

L 共分为五个等级：

① 50，具有强烈的事业心和工作责任心。

② 40，具有良好的事业心和工作责任心。

③ 30，在事业心和工作责任心方面较淡薄。

④ 20，在事业心和工作责任心方面存在缺陷。

⑤ 10，无事业心，工作责任心差。

M 共分五个等级：

① 50，在任何情况下，严格遵守安全规程，自制力强，能抵御各种心理干扰。

② 40，能遵守安全规程，在一般情况下自制力能克服心理干扰。

③ 30，能遵守安全规程，自制力不强，在特定的情况下，不能排除干扰。

④ 20，一般不能遵守安全规程，自制力不强，经不住较强的造成事故欲望的诱惑。

⑤ 10，不注意遵守安全规程，自制力很差，兴奋性高，极易冲动，容易自我放纵，很少顾及后果。

A 分三个等级：

① 20，自作聪明，侥幸心理占上风，无法避免事故。

② 15，侥幸心理占主导地位，不畏危险。

③ 10，有一定的侥幸心理。

B 分为三个等级：

① 20，极为麻痹大意，不顾前车之鉴。

② 15，麻痹大意不顾后果。

③ 10，几次因未出事故，渐渐产生麻痹思想。

C 分三个等级：

① 20，自私自利，贪图方便。

② 15,工作马虎,缺乏责任心。

③ 10,图一时省力。

***D* 分三个等级:**

① 20,好逞强,视生命为儿戏,没有自我保护意识。

② 15,好胜心强,缺乏必要的安全知识。

③ 10,工作经验不足,自认没有问题。

***E* 分三个等级:**

① 20,莽撞从事,一味蛮干。

② 15,粗鲁马虎,不考虑后果。

③ 10,高估自己的力量。

***F* 分三个等级:**

① 20,急于求成,根本不顾安全规章制度。

② 15,因小失大,忽视安全规章制度。

③ 10,心放两头,工作不安心。

***G* 分三个等级:**

① 20,受到挫折,失意反常。

② 15,心烦意乱,有一定的心理压力。

③ 10,心境不好,影响情绪。

***H* 分三个等级:**

① 20,根本没有工作责任心。

② 15,缺乏工作责任心,粗枝大叶。

③ 10,工作不仔细。

***I* 分三个等级:**

① 20,以老经验自居,不服从安全规章制度。

② 15,自以为是,无视安全规章制度。

③ 10,凭经验行事,自以为不会出差错。

***J* 分三个等级:**

① 20,好奇心占上风,不顾危险。

② 15,为满足好奇心,不注意安全。

③ 10,好奇心理,以为摸摸碰碰没有问题。

按上述细则可能造成的心理指数 Z 有最大和最小值:
最大值 Z—10;最小值 Z—1,即值的范围是 1～10。

***Z* 值范围内可分为三个区间:**

第一区间:Z 值在 3 以上极容易发生的事故。

第二区间:Z 值在 1～2 之间有发生事故的可能。

第三区间:Z 值在 0.5 以下则不容易发生事故。

如果能够进行各区间人数的统计会有一定的实践意义。例如从预防角度来讲，对 Z 值在第一、第二区间的人，有必要对其加强宣传教育，以达防患于未然之目的。

当然，在生产过程中由人的因素引起的工伤事故的原因是多方面的，诸如政治、经济、身体状况、家庭环境、技术水平、精神状态及本身的自我保护意识等，而且它较之物的不安全因素更具有不稳定性且不易把握其规律性，还有一定的偶然性存在，所以较难预测和控制。

第二节　人因系统模型

人因事故模型主要是从人的因素考虑研究事故致因的理论。在事故致因中，人的因素具有重要的作用，尽管事故是由于人的不安全行为和物的不安全状态共同造成的，但起主导作用的始终是人的因素，因为物是人创造的，环境是人能够改变的。所以，在研究事故致因理论时，必须着重对人的因素进行深入的研究。这就出现了事故致因理论的另一个分支，人因事故模型。

这类事故理论都有一个基本的观点，即：人失误会导致事故，而人失误的发生是由于人对外界刺激（信息）的反应失误造成的。

人因系统模型主要有 1969 年瑟利提出的瑟利事故模型，1970 年海尔提出的海尔模型，1972 年威格里斯沃思的“人失误的一般模型”，1974 年劳伦斯提出的劳伦斯模型，以及 1978 年安德森等人对瑟利模型的修正，等等。

这些理论均从人的特性与机器性能和环境状态之间是否匹配和协调的观点出发，认为机械和环境的信息不断地通过人的感官反映到大脑，人若能正确地认识、理解、判断，做出正确的决策和采取行动，就能化险为夷，避免事故和伤亡；反之，如果人未能察觉、认识到所面临的危险，或判断不准确而未采取正确的行动，就会发生事故和伤亡。由于这些理论把人、机、环境作为一个整体（系统）看待，研究人、机、环境之间的相互作用、反馈和调整，从中发现事故的致因，揭示出预防事故的途径，所以，也有人将它们统称为系统理论。

一、瑟利模型

1969 年，瑟利（J. surry）提出了一种事故模型，以人对信息的处理过程为基础，描述事故发生的因果关系，这一模型称为瑟利事故模型。这种理论认为，人在信息处理过程中出现失误从而导致人的行为失误，进而引发事故。

瑟利把事故的发生过程分为危险出现和危险释放两个阶段，这两个阶段各自包括一组类似人的信息处理过程，即知觉、认识和行为响应过程。在危险出现阶段，如果人的信息处理的每个环节都正确，危险就能被消除或得到控制；反之，只要任何一个环节出现问题，就会使操作者直接面临危险。在危险释放阶段，如果人的信息处理过程的各个环节都是正确的，则虽然面临着已经显现出来的危险，但仍然可以避免危险释放出来，不会带来伤害或损害；反之，只要任何一个环节出错，危险就会转化成伤害或损害。瑟利事故模型见图 4－1。

由图 4－1 可以看出，两个阶段具有相类似的信息处理过程，每个过程均可被分解成为六个问题。下面以危险出现阶段为例，分别介绍这六个问题的含义。

第一个问题：对危险的出现有警告吗？这里警告的意思是指工作环境中是否存在安全运行状态和危险状态之间可被感觉到的差异。如果危险没有带来可被感知的差异，则会使人直

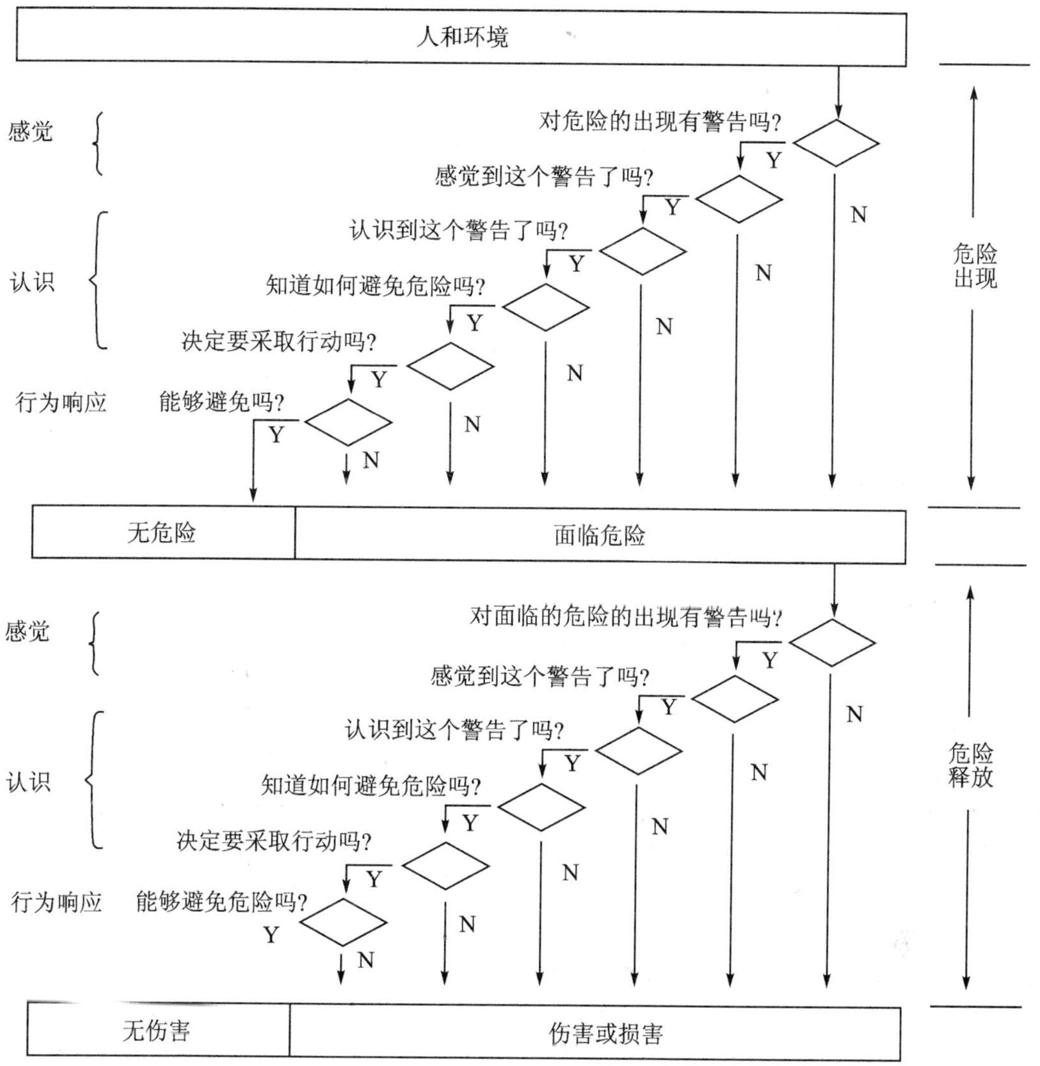

图 4－1　瑟利事故模型

接面临该危险。在实际生产中，危险即使存在，也并不一定会直接显现出来。这一问题给我们的启示，就是要让不明显的危险状态充分显示出来，这往往要采用一定的技术手段和方法来实现。

第二个问题：感觉到这个警告了吗？这个问题有两方面的含义：一是人的感觉能力如何，如果人的感觉能力差，或者注意力在别处，那么即使有足够明显的警告信号，也可能未被察觉；二是环境对警告信号的“干扰”如何，如果干扰严重，则可能妨碍对危险信息的察觉和接受。根据这个问题得到的启示是：感觉能力存在个体差异，提高感觉能力要依靠经验和训练，同时训练也可以提高操作者抗干扰的能力；在干扰严重的场合，要采用能避开干扰的警告方式(如在噪声大的场所使用光信号或与噪声频率差别较大的声信号)或加大警告信号的强度。

第三个问题：认识到这个警告了吗？这个问题问的是操作者在感觉到警告之后，是否理解了警告所包含的意义，即操作者将警告信息与自己头脑中已有的知识进行对比，从而识别出危险的存在。

第四个问题:知道如何避免危险吗?问的是操作者是否具备避免危险的行为响应的知识和技能。为了使这种知识和技能变得完善和系统,从而更有利于采取正确的行动,操作者应该接受相应的训练。

第五个问题:决定要采取行动吗?表面上看,这个问题毋庸置疑,既然有危险,当然要采取行动。但在实际情况下,人们的行动是受各种动机中的主导动机驱使的,采取行动回避风险的“避险”动机往往与“趋利”动机(如省时、省力、多挣钱、享乐等)交织在一起。当趋利动机成为主导动机时,尽管认识到危险的存在,并且也知道如何避免危险,但操作者仍然会“心存侥幸”而不采取避险行动。

第六个问题:能够避免危险吗?问的是操作者在做出采取行动的决定后,是否能迅速、敏捷、正确地做出行动上的反应。

上述六个问题中,前两个问题都是与人对信息的感觉有关的,第 3～5 个问题是与人的认识有关的,最后一个问题是与人的行为响应有关的。这 6 个问题涵盖了人的信息处理全过程,并且反映了在此过程中有很多发生失误进而导致事故的机会。

瑟利模型适用于描述危险局面出现得较慢,如不及时改正则有可能发生事故的情况。对于描述发展迅速的事故,也有一定的参考价值。

二、威格里斯沃思模型

威格里斯沃思在 1972 年提出,人失误构成了所有类型事故的基础。他把人失误定义为“(人)错误地或不适当地响应一个外界刺激”。他认为:在生产操作过程中,各种各样的信息不断地作用于操作者的感官,给操作者以“刺激”。若操作者能对刺激做出正确的响应,事故就不会发生;反之,如果错误或不恰当地响应了一个刺激(人失误),就有可能出现危险。危险是否会带来伤害事故,这取决于一些随机因素,即发生伤亡事故的概率。而这种伤亡事故和无伤亡事故又给人以强烈刺激,促使人们对原来的错误行为进行反思,使其树立安全观念,增强安全意识,主动地去掌握安全知识与安全技能,以驾驭系统,提高其安全性。

威格里斯沃思的事故模型可以用图 4 - 2 中的流程关系来表示。该模型绘出了人失误导致事故的一般模型。

从这种事故模型出发防止伤亡事故,首先要预先熟悉并掌握来自系统及外界的各种刺激,能够正确辨识系统存在的各种危险因素,例如:声、光、温度、压力、颜色、烟雾等都意味着什么,什么样的信息表示系统正常、什么样的信息表示系统不正常;系统发生过什么事故,什么原因造成的,事故前有哪些征兆等。这就要求行为者有熟练的危险因素辨识能力,特别是对行为者无刺激,或刺激力很弱的危险因素,要使其刺激作用加强,使其能够为行为者所辨识。其次是熟练掌握对各种刺激做出正确反应的能力,防止失误发生。因为事故从发现苗头到发生,乃至结束,时间往往都很短,如果没有熟练以至形成条件反射的反应能力,事故来不及控制就已经发生了。这就要求行为者具备很强的事故紧急处理能力。因此,企业除了要进行必要的安全知识、安全技能教育外,还应经常进行紧急事故演练,把危险操作过程中可能出现的各种事故情况都纳入演练内容,使操作者牢记,遇到什么情况应当如何处理,怎样才能把事故消灭在萌芽状态,这样就可以避免一些不必要的事故损失。第三,对于因危险辨识失误、反应错误而不可避免地发展为可能造成人员伤亡的危险因素,则应当从工艺技术、设备结构上考虑防止事故

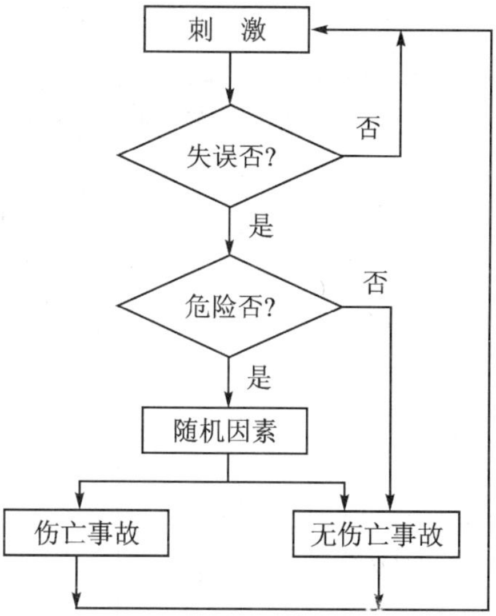

图 4－2　威格里斯沃思事故模型

的最后一道防线。同时注重工艺改造、设备更新等，使事故发生朝无伤亡的方向发展。

尽管这个模型突出了用人的不安全行动来描述事故现象，但却不能解释人为什么会发生失误。它也不适用于分析不以人失误为主的事故。

三、劳伦斯模型

劳伦斯在威格里斯沃思和瑟利等人的人失误模型的基础上，通过对南非金矿发生的事故的研究，于 1974 年提出了针对金矿企业以人失误为主因的事故模型(见图 4－3)，该模型对一般矿山企业和其他企业中比较复杂的事故情况也普遍适用。

在生产过程中，当危险出现时，往往会产生某种形式的信息，向人们发出警告，如突然出现或不断扩大的裂缝、异常的声响、刺激性的烟气等。这种警告信息叫做初期警告。初期警告还包括各种安全监测设施发出的报警信号。如果没有初期警告就发生了事故，则往往是由于缺乏有效的监测手段，或者是管理人员事先没有提醒人们存在着的危险因素，行为人在不知道危险存在的情况下发生的事故，属于管理失误。

在发出了初期警告的情况下，行为人在接受、识别警告，或对警告做出反应等方面发生失误，都可能导致事故。

当行为人发生对危险估计不足的失误时，如果他还是采取了相应的行动，则仍然有可能避免事故；反之，如果他麻痹大意，既对危险估计不足，又不采取行动，则会导致事故的发生。这里，行为人如果是管理人员或指挥人员，则低估危险的后果将更加严重。

矿山生产作业往往是多人作业、连续作业。行为人在接受了初期警告、识别了警告并正确地估计了危险性之后，除了自己采取恰当的行动避免伤害事故外，还应该向其他人员发出警告，提醒他们采取防止事故的措施。这种警告叫做二次警告。其他人接到二次警告后，也应该采取正确的行为对警告加以响应。

劳伦斯模型适用于类似矿山生产的多人作业生产方式。在这种生产方式下，危险主要来自于自然环境，而人的控制能力相对有限，在许多情况下，人们唯一的对策是迅速撤离危险区

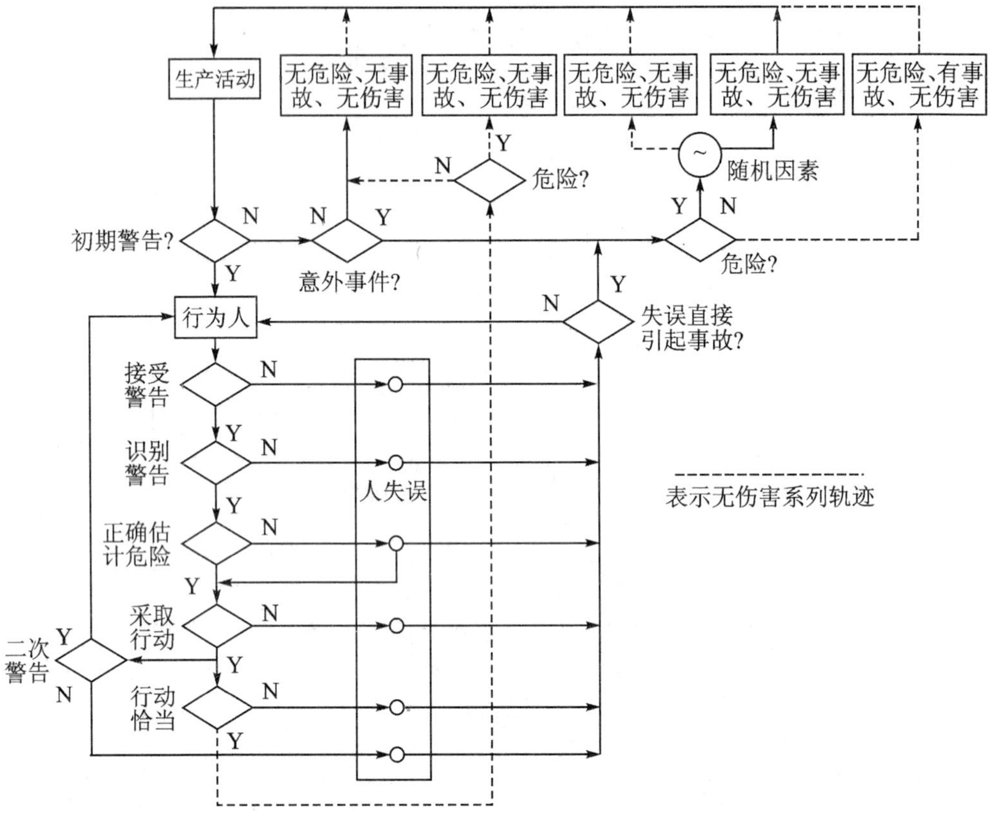

图 4-3 劳伦斯事故模型

域。因此，为了避免发生伤害事故，人们必须及时发现、正确地评估危险，并采取恰当的行动。

四、安德森模型

瑟利模型实际上研究的关系是在客观已经存在潜在危险(存在于机械的运行和环境中)的情况下，人与危险之间的相互关系、反馈和调整控制的问题。然而，瑟利模型并没有探究何以会产生潜在危险，没有涉及机械及其周围环境的运行过程。安德森等人曾在分析 60 件工业事故中应用瑟利模型，并发现了上述问题，从而对它进行了扩展，形成了安德森模型。该模型是在瑟利模型之上增加了一组问题，所涉及的是，危险线索的来源及可察觉性，运行系统内的波动(机械运行过程及环境状况的不稳定性)，以及控制或减少这些波动使之与人(操作者)的行为的波动相一致，如图 4-4 所示。

企业生存于社会中，其经营目标和策略等都要受到市场、法律、国家政策等的制约，所有这些都会从宏观上对企业的安全状况产生影响。

问题 1:过程是可控制的吗? 即不可控制的过程(如闪电)所带来的危险是无法避免的，此模型所讨论的是可以控制的工作过程。

问题 2:过程是可观测的吗? 指的是依靠人的感官或借助于仪表设备能否观察了解工作的过程。

问题 3:察觉是可能的吗? 指的是工作环境中的噪声、照明不良、栅栏等是否会妨碍对工

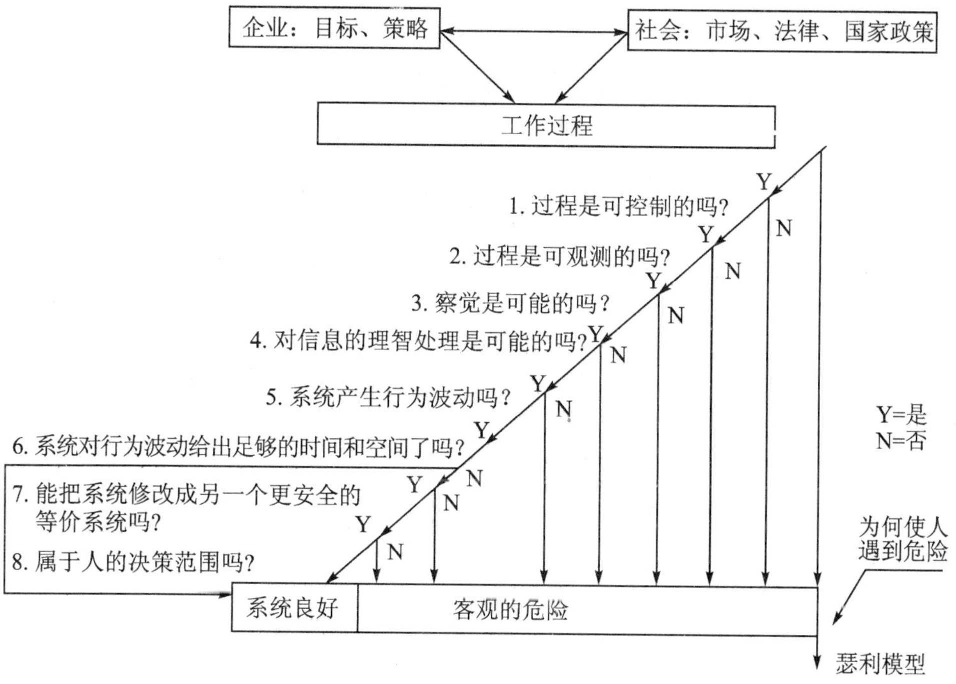

图 4-4 安德森模型

作过程的观察了解。

问题 4：对信息的理智处理是可能的吗？此问题有两方面的含义：一是问操作者是否知道系统是怎样工作的，如果系统工作不正常，他是否能感觉、认识到这种情况；二是问系统运行给操作者带来的疲劳、精神压力（如此长期处于高度精神紧张状态）以及注意力减弱是否会妨碍其对系统工作状况的准备、观察和了解。

上述问题的含义与瑟利模型第一组问题的含义有类似的地方，所不同的是，安德森模型是针对整个系统，而瑟利模型仅仅是针对具体的危险线索。

问题 5：系统产生行为波动吗？问的是操作者的行为响应的不稳定性如何，有无不稳定性，有多大？

问题 6：系统对行为波动给出足够的时间和空间了吗？问的是运行系统（机械和环境）是否有足够的时间和空间以适应操作行为的不稳定性。如果是，则可以认为运行系统是安全的（图 4-4 中第 7、8 个问题，直接指向系统良好），否则就转入下一个问题，即能否对系统进行修改（机器或程序）以适应操作者行为在预期范围内的不稳定性。

问题 7：能把系统修改成另一个更安全的等价系统吗？指是否能够在不改变系统功能的条件下，通过对系统做适当修改，使系统变得更加安全。

问题 8：属于人的决策范围吗？指修改系统是否可以由操作和管理人员做出决定。尽管系统可以被改为安全的，但如果操作和管理人员无权改动，或者涉及政策法律，不属于人的决策范围，那么修改系统也是不可能的。

对模型的每个问题，如果回答是肯定的，则能保证系统安全可靠（图 4-4 中沿斜线前进），如果对问题 1、4、7、8 做出了否定的回答，则会导致系统产生潜在的危险，从而转入瑟利模型。对问题 5 如果回答是否定的，则跨过问题 6、7 而直接回答问题 8。对问题 6 如果回答是否定的，则要进一步回答问题 7 才能继续发展。

第三节　事故心理因素分析

引起事故的原因是多种多样的，既有设备的因素，也有人的因素。人的因素除了生理因素外，还有心理因素。导致事故的心理因素究竟有哪些呢？在本节中我们从几个侧面加以讨论。

一、发生事故的心理因素

我们通过对事故原因的分析，可以判断因人产生不安全行为的根据，因为导致大多数工伤事故发生的直接原因都是由于人为的不安全行为所造成的。企业领导、安全专职干部、工段长、班组长以及工程技术人员如不了解事故中的心理学知识，则很难找出工人的特殊的不安全行为。

安全管理心理学与分析事故原因的关系有三个相互联系的内容：

第一项(A)：列出安全工程师所关心的几种不安全行为，由此可知何人所做的行为是不安全的，称为已经知道的不安全行为，即：

① 有意违反安全规程；

② 无意违反安全规程；

③ 破坏或错误地调整安全设备；

④ 放纵地喧闹、玩笑，分散了他人的注意力；

⑤ 安全操作能力低，工作缺乏技巧；

⑥ 与人争吵，心境下降；

⑦ 匆忙的行动，行动草率、过速或行动缓慢；

⑧ 无人道感，不顾他人；

⑨ 超负荷工作，力不胜任。

第二项(B)：可能成为直接的人为事故原因：

① 没有经验，不能查知事故危险；

② 缓慢的心理反应和心理上的缺陷；

③ 各器官协调性差；

④ 疲倦，身体不适；

⑤ 找工作“窍门”，采用不安全的方法；

⑥ 注意力不集中，心不在焉；

⑦ 职业、工种选择不当；

⑧ 炫耀心，贪大求全。

第三项(C)：心理上的主要原因：

① 激情、冲动、喜冒险；

② 训练、教育不够、无上进心；

③ 智能低、无耐心、缺乏自卫心、无安全感；

④ 涉及家庭原因，心境不好；

⑤ 恐惧、顽固、报复或身心缺陷；

⑥ 工作单调，或业余生活单调；

⑦ 轻率、嫉妒；

⑧ 未受重用、身受挫折、心绪不佳；

⑨ 自卑感或冒险逞能，渴望超群；

⑩ 受到批评，心有余悸。

上述A、B、C三项不一定是相互对应，而是交叉关联，从第二项B中，安全工程师可能找出造成不安全行为的原因，其中不易归纳出共性原则，主要靠对人心理特征的了解及判断力。

第三项C，表现了基本的心理原因，由此可了解何以会有事故的直接原因存在(B项)，又何以会产生不安全行为(A项)。两项并未列全，但实际经验证明，其中许多项目是构成事故的个人心理方面的原因。加拿大·狄尔曼教授和霍伯教授曾对40名汽车驾驶员进行了研究，发现其中有半数的人一再重复发生交通事故；而另一半则从来不发生意外。通过研究他们的个性心理特征发现，易出事故的汽车驾驶员在气质上多有冲动性，无耐心，在情感上其道德感和责任感都较低下，而且有个人侵犯性。

美国对公共汽车司机的个人心理特征的研究表明：两组司机在视觉敏锐度、知觉的深度、夜间视力对强光的恢复力、复杂的时间反应、心理测验的分数上均无重大差别。但有一组经常重复发生事故，而另一组却安全行驶无一例事故发生。通过深入研究这两组人的心理特征，发现这两组人在性格、能力、体质等特征上都有明显差别。重复发生事故的这组人中，多数人具有反应冲动，易受挫折，不能做适当决断的特征。

早在1930年，美国佛里教授在杂志上发表过一篇文章，描绘一个经常发生工伤事故、重复受伤的工人，这个人平时也极为小心谨慎，既不鲁莽又不易激动，就是不注意安全。后来发现，这个工人运动配合能力较低；能顺利地完成某种活动的那些心理特征，诸如：感觉能力、语言和感知、注意力都比较低下。这是国外学者最早的安全心理学研究。通过对上述心理因素的分析和国外一些学者的研究成果介绍，人们分析事故原因时应综合考虑，尤其不能忽视心理因素的原因。在工种安排等方面，也得考虑个体心理的原因，合理地加以调配，以求最大限度地发挥人的积极性，提高生产率。

二、心理素质在事故致因中的地位

劳动条件和心理因素在事故致因中有一定地位，人在发生事故时可具有的心理状态，依事故发生的频率，作业条件不同而各异。

日本铁路系统曾统计3094件交通事故，列出了十五项引起事故的人因因素。其中由于作业方法不当、经验不足、准备不够、安全教育和训练缺陷等造成无知或智能低下者占50％；因信息不足、无谋、恐惧而判断失误者占第二位。

青岛公司对15个工厂1656件事故的心理学问题调查表明：除去工程技术原因之外，涉及人员心理状态的原因共分6类21种表现。

三、事故发生前的心理分析

事故发生前人在行动起点上的心理大致有五方面的因素：

① 素质癖性；

② 无知、智能低；

③ 无意、缺乏注意力；

④ 被外界吸引、心不在焉，工作掉以轻心；

⑤ 抑郁消沉。

1. 人的气质、性格各具特点，行动起点不同

人用视觉接受外部信息，给中枢以刺激，并产生判断，从而进行动作行为。但相同的外界条件未必产生相同的行动，这是由于先天的素质以及后天的生活环境给人的影响不大相同，以及由于经验不足和在自然界积累而形成的性格不同，从而显示出不同的心理状态。因此，人的性格、气质上的特点与形成事故均有一定的关系。

2. 行动开始时缺乏判断，所需知识和经验不足

人在外界的刺激下发生行动时，主要靠视觉向大脑传递信息，由大脑做出适当判断，从而产生表现行为的输出。这种判断是基于人过去掌握的知识、经验和记忆进行的。所以，即使对同一问题，不同人的判断也不尽相同。

无知和没有经验与发生事故密切相连，人的知识阅历是在自然生活中形成的，但生产企业是人工环境，它与自然生活环境不大相同，特别是在应用化学能、电能以及具有复杂结构的机械设备的工矿企业里，由于不学无术、判断失误而产生的不安全行动，多包含着危害和隐患，孕育着伤亡事故发生的可能性。企业现场事故的原因之一是安全知识不足，安全技术培训不够和本人不学无术，以至判断失误。

3. 思想不专注，在能量分配上不适当

在人机系统中动态对象较多，人也不是静止的，这就有一个控制人和机器的关系及相互位置问题。如果视觉机能低下，容易看错，再在注意上能量分配不适当，就会对重要的危害不加注意，不能专心致志，从而构成发生伤亡事故的机会。

另外，在作业过程中，思想被外界所吸引，工作掉以轻心，往系统外集中分配了能量。有些人为了完成指定的任务，在初级阶段，多靠从记忆中捞取有关过去的经验来摸索着干，这时生理机能相当活跃而能量集中于未知的课题，以头脑判断来寻求正确的行动，以至完成任务。这种方式速度虽然慢，但可能顺利完成任务，反复多次有了经验，就可花费最少的能量取得最好的效果。这时对外部条件的信息判断也就不大用脑子了，而只靠下意识的反射去行动。生产操作如达到这种状态，就会有“闲”心去想与工作无关的“系统外”的事了。也就是有多余的能量可以分配给系统以外的事了，这时就可能导致事故的发生。

因为把能量都集中到工作系统外的“闲”事上去了，以至在工作中形成了“视而不见、听而不闻”的心理状态，应当注意的事却没有注意，这就促成了伤亡事故的发生。虽然这种心理状态所造成的事故频率虽不是很大，但终究会有影响。

4. 情绪抑郁与发生事故的关系

人有时受到外部环境条件影响，心理上受到损害，由此发生的忧郁、恐惧等也是发生事故的重要心理因素。例如，家人有病，因欠债或经济生活紧张，人际关系不和睦等，会使思想负担过重。持这种心理状态的人，在劳动操作中往往因脑子被忧郁苦恼所占据，致使干活时心不在

焉，不辨左右，不查对错，不能决定自己下一步行动，一旦情况紧急，能量分配就不能适当，所以其遭受伤亡的概率较大。

上述与发生事故有关的心理因素，有其相互关联的作用，并综合影响于事故的前奏。

第四节　事故心理控制

事故心理的控制就是要通过消除造成事故的心理状态，以达到控制事故行为、保证安全生产的目的。人的心理包括极其广泛的内容：从感觉、知觉、记忆、想象到思维；从情绪、感情到意志；从兴趣、习惯、能力、气质到性格个性等。事故的心理因素是对由于影响和导致一个人行为而发生事故的心理状态和成分的总称。

事故心理主要从以下几个方面来控制：

① 消除心理低沉——或为家庭拖累所迫，或工作不如愿，或婚姻遇到阻力，或刚刚与同事、家人吵了架，情绪低沉不快，思想难以集中。

② 控制兴奋心态。朋友聚餐，新婚蜜月，或受到表扬奖励，或在工作中取得了某种进展，情绪兴奋，往往忘乎所以。

③ 抑制好奇心理。青年工人一是好险，总想表现自己胆大、勇敢；二是猎奇，碰到什么新东西总想看一看、摸一摸，往往因为无知而蛮干。

④ 控制紧张情绪。或初次上阵，或刚刚发生过事故，或刚刚受到领导批评，或遇到某种意外惊吓，心情紧张多失误。

⑤ 消除急躁心理。青年人干工作，往往有一种一鼓作气的冲劲，当某一件工作临下班快接近尾声时，就想一口气干完它，但往往顾此失彼。

⑥ 消除抵触情绪。或是对某件事有看法，或是对某个领导不满，或是被人看成是“不可救药者”，他会抱着破罐子破摔的态度，工作随便，干好干坏无所谓。

⑦ 控制厌倦心理。青年工人喜新厌旧的心理也很强烈，比如开汽车愿开新的不愿开旧的。往往富于幻想，想干一番惊天动地的事，不愿意干琐碎的、平凡的、单调重复的工作，对这些工作久而生厌，厌而生烦，烦而生躁，躁而多失误。

本章小结

本章主要是对人的事故心理指数进行测评，并且分析发生事故以及事前的心理因素。在学习的过程中，要深入理解事故心理的特点，以达到事故心理控制的目的。

自我小结

自测题

1. 事故心理结构模型是什么？
2. 根据事故心理结构测定理论，事故心理因素有几种？试列举出5种事故心理名称。
3. 试写出测定人的事故心理指数的数学表达式。
4. 人因系统模型有哪些？
5. 列举出几种不安全行为。
6. 哪些原因可能导致人为事故？
7. 发生事故的心理因素主要有哪些？
8. 事故发生前人在行动起点上的心理因素有哪些？
9. 如何控制事故心理？

自测题参考答案

1. 事故心理结构模型：造成事故的心理结构＋事故机遇──→导致事故的行为发生──→事故。

2. 侥幸心理、麻痹心理、偷懒心理、逞能心理、莽撞心理、心急心理、烦躁心理、粗心心理、自满心理、好奇心理。

3. 可能造成事故心理指数 Z 与造成事故心理结构中诸成分之间的关系可表示为如下公式：

$$Z = \frac{A+B+C+D+E+F+G+H+I+J}{L+M}$$

在这个公式里，L 表示事业感和工作责任心，M 表示遵守安全规程，有安全技术和知识，有自制力，A、B、C、D、E、F、G、H、I、J 分别表示前述造成事故心理结构中的各项成分。

4. 人因系统模型主要有1969年瑟利提出的瑟利事故模型，1970年海尔提出的海尔模型，1972年威格里沃思的“人失误的一般模型”，1974年劳伦斯提出的“金矿山人为失误模型”以及1978年安德森等人对瑟利模型的修正等。

5. (1) 有意违反安全规程；
(2) 无意违反安全规程；
(3) 破坏或错误地调整安全设备；
(4) 放纵地喧闹、玩笑、分散了他人的注意力；
(5) 安全操作能力低，工作缺乏技巧；
(6) 与人争吵，心境下降；
(7) 匆忙的行动，行动草率过速或行动缓慢；
(8) 无人道感，不顾他人；
(9) 超负荷工作，力不胜任。

6. (1) 没有经验，不能查知事故危险；
(2) 缓慢的心理反应和心理上的缺陷；
(3) 各器官协调性差；
(4) 疲倦，身体不适；
(5) 找工作“窍门”，采用不安全的方法；

(6) 注意力不集中,心不在焉;
(7) 职业、工种选择不当;
(8) 炫耀心,贪大求全。

7. (1) 激情、冲动,喜冒险;
(2) 训练,教育不够,无上进心;
(3) 智能低,无耐心,缺乏自卫心,无安全感;
(4) 涉及家庭原因,心境不好;
(5) 恐惧,顽固,报复或身心缺陷;
(6) 工作单调,或单调的业余生活;
(7) 轻率,嫉妒;
(8) 未受重用,身受挫折,心绪不佳;
(9) 自卑感,或冒险逞能,渴望超群;
(10) 受到批评,心有余悸。

8. (1) 素质癖性;
(2) 无知、智能低;
(3) 无意、缺乏注意力;
(4) 被外界吸引、心不在焉,工作掉以轻心;
(5) 抑郁消沉。

9. 事故心理主要从以下几个方面来控制:
(1) 消除心理低沉;(2) 控制兴奋心态;(3) 抑制好奇心理;(4) 控制紧张情绪;
(5) 消除急躁心理;(6) 消除抵触情绪;(7) 控制厌倦心理。

第五章　人为失误分析与控制

本章知识框架结构图

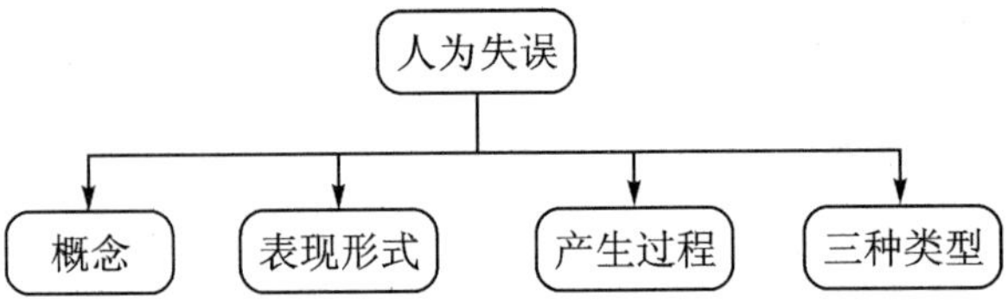

知识导引

人为失误是引起事故的主要原因。它主要表现为感知差错、判断决策差错、行为差错等。本章主要从人为失误的角度出发，分析造成人为失误的原因，从而通过对人为失误的控制，限制人为事故的发展，减少事故损失。

本章的学习重点及难点

重　点：人为失误的表现形式；人为失误的控制对策。

难　点：了解造成人为失误的原因以及预控措施。

核心概念：人为失误、感知差错、判断决策差错、行为差错、输入失误、传输失误、输出失误等。

本章需要思考的问题

通过本章的学习，需要思考如下问题：

1. 什么是人为失误。
2. 人为失误的表现形式及产生的原因。
3. 人为失误产生的过程。
4. 人为失误的类型有哪些。
5. 人为失误的控制对策。

相关的阅读材料

学习阅读行为科学、管理学、人因系统理论等相关资料。

本章学习目标

本章的学习目标是：

◇ 了解人为失误的表现形式及产生的原因。

◇ 掌握防止人为失误的控制措施。

教学活动建议

搜集人为失误的相关资料，结合读者实际情况，组织讨论学习。

第一节　人为失误的概念

对于人为失误，不同的专家学者分别从不同的角度给出了定义。从工效学的角度，可以定义为人未发挥自己本身所具备的功能而产生的失误，它有可能降低人机系统的功能。从可靠性工程的角度，可定义为在规定的时间和条件下，人没有完成所分配的功能及任务。Swain 给出的工程中人为失误的定义为：任何超过一定接受标准——系统正常工作所规定的接受标准或容许范围的人的行为或动作。从心理学的角度，Reason 将人为失误定义为：失误是指所有这样的现象，即人们虽然进行了一系列有计划的心理操作或身体活动，但没有达到预期的结果，而这种失败不能归结为某些外界因素的介入。Lorenzo 认为，如果作用于系统的人的任何行为(包含没有执行或疏于执行的行为)超出了系统的容许度，那么就是人为失误。我国学者张力将人为失误定义为：在没有超越人—机系统设计功能的条件下，人为了完成其任务而进行的有计划行动的失败，它包括个体的、群体的和组织的失误。其表现的主要形式为：未能完成必要的功能、对意外未做出及时的反应、未意识到危险情境、对复杂的认知反应做出了不正确的决策。从本质上说，研究人为因素，就是研究一个一个的人为失误。

从上述定义可以得出，人为失误具有以下特点：

① 人为失误的不可避免性。人为失误是在进行生产作业过程中不可避免的副产物，但能够预测其失误率。

② 人为失误的重复性。人的失误常常在不同的甚至相同条件下重复出现，其根本原因之一是人的能力与外界需求不匹配。人为失误不可能完全消除，但可以通过有效的手段尽可能地避免。

③ 人引发的失误的潜在性。人存在着潜在的引发事件的可能。

④ 人为失误具有可修复性。人为失误可能导致系统故障或失效，然而在很多情况下，由于人在系统异常状况下的参与，可有效缓解或克服事件后果，使系统恢复正常状况。

⑤ 人为失误具有学习改进的能力。人可以通过学习提高工作效率，适应环境和工作需要，这一点上，人明显区别于机器，因此人可以根据自身具备的知识、经验、技能等，规避和减少一些人为失误。

第二节 人为失误的表现形式

人为失误是指人行为的失误，因此必须研究人的行为。根据行为心理学的观点，人的行为模式可表示为：S(刺激)—O(个体)—R(反应)，这是一个不断循环的过程。

根据人的行为原理，可知人为失误主要表现在：人感知环境信息方面的差错；信息刺激人脑，人脑处理信息并做出决策的差错；行为差错等方面。

一、感知差错

人在生产中不断接受各方面的信息，其中包括有用信息和无用信息。例如，操作指令、事故信号等都是有用信息，环境噪音、杂乱影像等都属于无用信息。在有用信息中又包括规律信息和随机信息。规律信息是指在正常作业过程中按部就班传递来的信息，例如操作股票；随机信息就是预料之外的信息，例如突发事故的光声显示、异常状态等。电力企业在生产当中，员工为了正确作业，必须不断地对信息进行筛选，从中选出有用的信息。但是，由于各种信息的来源不同，强度不同，人对于它的反应也不同。信息通过人的感觉器官传递到中枢神经，这一过程就可能出现问题。感觉器官失灵(视觉、触觉、听觉、嗅觉、味觉不灵敏等)、生理原因、环境条件不好、信息不完整、习惯性感觉(经验主义)等都容易导致感知差错。归纳起来,产生感知差错的原因通常主要有以下几种。

1. 信号缺乏足够的诱引效应

即信号缺乏吸引力,缺乏使操作者的注意转移的效应。注意是心理活动对一定对象的指向和集中,人不可能一直不停地注意某一对象;另一方面,工作环境中有许多因素迫使员工分心。所以,为确保及时发现信号,仅依赖操作者的感觉是不够的,关键在于信号必须具备较高的诱引效应,以期有效地引起操作者的注意。

2. 认知的滞后效应

人对输入信息的认知能力,总有一个传递滞后时间。如在理想状态下,看清一个信号需0.3秒,听清一个声音约需1秒,若工作环境受其他因素干扰,那么这个时间就会长一些。若信息呈现时间太短,速度太快,或信息不为操作者所熟悉,均可能造成认知的滞后效应。因此,在有些人机系统中,常设置信号导前量(预警信号),以补救滞后效应。

3. 判断的差错

判断是大脑将当前的感知表象的信息和记忆中的信息加以比较的过程。若信号显示方式不够鲜明,缺乏特色,则操作者的印象(部分长时记忆和工作记忆)不深,再次呈现时则可能出现判断差错。

4. 知觉能力缺陷

即操作者感觉通道缺陷(如近视、色盲、听力障碍),不能全面感知知觉对象的本质特征。

5. 信息歪曲和遗漏

若信息量过大,超过人的感觉通道的限制容量,则有可能产生遗漏、歪曲、过滤或不予接收等现象。输入信息显示不完整或混乱(特别是噪声干扰),在这种情况下,人们对信息的感知将以简单化、对称化和主观同化为原则,对信息进行自动的增补修正,其感知图像成为主观化和简单化的假象。

此外,人的动机、观念、态度、习惯、兴趣、联想等主观因素的综合作用和影响,亦会将信息同化改造为与主观期望相符合的形式后再表现出来。如小道消息的传播,越传越走样就是一个很好的例子。

6. 错　觉

这是一种对客观事物不正确的知觉,它不同于幻觉,它是在客观事物刺激作用下的一种对刺激的主观歪曲的知觉。错觉产生的原因十分复杂,往往是因环境、事物特征、生理、心理等多种因素引起的,如环境照明、眩光、对比、物体的特征、视觉惰性等都可引起错觉。

二、判断、决策差错

正确的判断来自全面地感知客观事物,以及在此基础上的积极思维。除感知过程的差错外，判断过程产生差错的原因主要有：

1. 遗忘和记忆错误

常表现为：① 没有想起来；② 暂时记忆消失；③ 过程中断的遗忘，如在作业时，突然因外界干扰（叫听电话、别人召唤、外环境的吸引等）使作业中断，等到继续作业时忘记了应注意的安全等问题。

2. 联络、确认不充分

常见有如下情况：① 联络信息的方式与判断的方法不完善；② 联络信息实施的不明确；③ 联络信息表达的内容不全面；④ 信息的接收者没有充分确认信息而错领会了所表达的内容。

3. 分析推理差错

多因受主观经验及心理定势影响，或出现危险事件造成的紧张状态所致。在紧张状态下，人的推理活动会受到一定的抑制，理智成分减弱，本能反应增加。有效的措施是加强在危险状态下安全操作技能的训练。

4. 决策差错

主要表现为延误做出决定的时间和决定缺乏灵活性，这在很大程度取决于个体的个性心理特征及意志品质。因此，对一些决策水平要求高的岗位，必须通过职业选拔来选择合适的人才。

三、行为差错

常见的行为过程差错的原因主要有：

1. 习惯动作与作业方法要求不符

习惯动作是长期在生产劳动过程中形成的一种动力定型，它本质上是一种具有高度稳定性和自动化的行为模式。从心理学观点来看，无论基于什么原因，要想改变这种行为模式，都必然会有意识地和下意识地受到反抗，尤其是在紧急情况下，操作者往往就会用习惯动作代替规定的作业方法。减少这类差错的措施是机器设备的操作方法必须与人的习惯相符合。

2. 由于反射行为而忘记了危险

因为反射（特别是无条件反射）是仅仅通过知觉、无需经过判断的瞬间行为，即使事先对这一不安全因素有所认识，但在反射发出的瞬间，脑中却忘记了这件事，以致置身于危险之中。反射行为造成的危害的情况很多，特别是在危险场所，以不安全姿势作业时，一旦偶然的恢复自然状态，这一瞬间就极易危机人身安全。如果一位埋头伏案设计的工程师忽然想起要测一下变电站电机的相应尺寸，于是没换工作服而是穿着长袖衫到低矮的变电间屈身蹲下去实测，头上有高压线，正当测量时，右手衣袖脱卷，他下意识地举起右手企图用左手卷上右衣袖，结果右手指尖触及电线而触电死亡。因此，对进入危险场所必须要有足够的安全措施，以避免反射行为造成伤害。

3. 操作方向和调整差错

操作方向差错主要原因有：有些机器设备没有操作方向显示（如风机旋转方向），或设计与人体的习惯方向相反。

操作调整差错的原因主要有：由于技术不熟练或操作困难，特别是当意识水平低下或疲劳时，这种差错更易发生。

4. 工具或作业对象选择错误

常见的原因有：① 工具的形状与配置有缺陷，如形状相同但性能不同的工具乱摆乱放；② 记错了操作对象的位置；③ 搞错了开关控制的方向；④ 误选工具、阀门及其他用品。

5. 疲劳状态下行为差错

人在疲劳时由于对信息输入的方向性、选择性、过滤性等的判断力低下，所以会导致输出时的程序混乱，行为缺乏准确性。

6. 异常状态下行为差错

人在异常状态下特别是发生意外事故生命攸关之际，由于过度紧张，注意力只集中于眼前能看到的事物，丧失了对输入信息的方向选择性能和过滤性能，造成惊慌失措，结果导致错误行为。此外，如睡眠之后，处于朦胧状态，容易出现错误动作；高空作业、井下作业由于分辨不出方向或方位，发生错误行为；低速和超速运转机器，易使人麻痹，发生异常时，直接伸手到机器中检查，致使被转轮卷入等。

第三节　人为失误产生的过程

人行为的一般模型：输入—处理—输出。

人可以看成是工作场所子系统中的一个因素，是人—机系统中的“人元”。

人通过视、听、嗅、味、触五个感觉器官所具有的机能和特性，对其巧妙地加以利用而从自然界中接收信息，当人体感觉器官受到外界因素的刺激时，就会出现感觉，并转化为信号，通过上行性传导神经传递给大脑。大脑接到信号后，依靠大脑皮质高级神经活动的思维功能进行分析判断，做出决策，拟定出行动计划，然后再通过下行性传导神经，向手、脚等器官发出动作指令。手、脚等器官接到指令后，再做出相应的行动。

由于这一模式揭示出人行为的带有普遍性的特性，即感知、信息处理和行为表现，或者刺激—输入、思维—调节和输出—行动三者的内在结构，蕴藏着刺激作用于思维后影响到行动的本质，所以在许多领域中都得到广泛的应用。

由此，我们可以归纳出人为失误产生的过程，大致可以分为以下三个阶段。

一、输入阶段：感官接收信息

人要进行一项作业，必须依赖于外界信息，即感觉器官接受外界条件（如声、光、颜色、温度等）的刺激。其中视觉信息约占 80%。其次是听觉信息。这两种感觉信息指导着大多数的作业活动。至于触觉和肤觉，人几乎很少单独依靠它来进行判断和行动，但它可以配合视觉、听觉，使人迅速准确地接收信息。嗅觉用于判断化学反应及物质加热程度等情况。味觉则与饮食、品尝有关。

二、传输阶段：大脑判断和处理

感觉器官接收外界信息后，将其传递到大脑皮层进行加工和整理。这些活动受生理和心理活动状况的影响。通常把信息加工处理过程称为判断过程或决策过程。根据记忆活动所积累的经验，决定如何处理新接收的信息，并采取相应的行动。这种信息加工过程与处理能力的界限和处理能力的变化有关。所谓界限是指大脑皮层已不能完全、准确地处理接收的各种信息，处理能力有一定的限度。处理能力不但与人的知识、技能等因素有关，而且也受环境条件影响而变化。

三、输出阶段：动作或行动

外界信息经过大脑判断处理后，发出指令，通过输出神经纤维的神经末梢，传给运动器官，转化为人的动作或行动。人是通过四肢的运动来向外传递信息（语言传递是通过声带振动）。上肢运动包括操纵开关、旋钮、把手、操纵杆等；下肢运动可操纵踏板、脚踏开关等。

第四节　人为失误的类型及控制对策

一、人为失误的类型

依据人为失误的表现形式，人为失误可以分为以下三种类型。

1. 输入失误

信息输入过程即感知过程。人对客观世界的感知是通过视、听、味、嗅等感觉器官进行的。由于受环境因素（如噪声、光线）、人的心理状态（如恐慌、焦虑）和生理状态（如近视、色盲、疲劳、醉酒、疾病）的影响，都可能造成感知失误，主要表现为：看漏、看错、听错等。

2. 传输失误

信息传输是人将感知到的客观环境信息，根据学过的知识原理和实践经验进行分类、评价、推理、判断及决策等逻辑思维的过程。信息传输失误的原因分以下几个方面：训练不足；经验不足；心理素质差；人机系统设计错误等。传输失误主要表现为：判断、决定错误，坚信不疑，偏执狂，有意违反规则等。

3. 输出失误

信息输出失误即操作失误。造成此类失误的原因基本上与信息传输失误的原因一样。输出失误主要表现为：动作操作失误、不熟练操作、动作失败等。

二、人为失误的控制对策

导致人失误的原因很多,但主要有决策失误、违背人机学原理、人过负荷劳动等。防止人失误主要就是控制、减少引起人失误的各种原因,在工作场所采取措施,使人的失误不至于引起事故,使人的失误无害化;在事故一旦发生的情况下,限制事故的发展,减少事故损失。防止人失误和不安全行为的措施包括技术措施和管理措施。

1. 防止人失误的技术措施

(1) 用机器代替人

人的可靠性比机械、电气或电子元件要低数十倍、几百倍甚至上千倍。特别是在人情绪紧张的情况下,更容易受到外界的影响,失误的可能性更大。为了减少人的失误,可利用机器人或机械手来代替工人的手动操作,或设计流动生产线,配备自动化生产线,配备自动化程度高的生产装置等。

(2) 冗余系统

在危险岗位由双人操作,或人机并行,采用备用系统等。

(3) 耐失误设计

通过精心设计,使得人员不能发生失误,或发生失误后,也不会带来严重事故。如利用不同的形状和尺寸,防止因安装、连接操作造成失误。

(4) 警告、标识

利用人的视觉、听觉、味觉、触觉功能,进行危险警告。如管道、气瓶、设备的色彩标识提示,行车行驶中采用警告铃、声光报警等;如民用城市燃气添加适量有味气体,一旦泄漏可以立即发现;工业生产中大量使用的作业场所的警示、警告标志等。

2. 防止人失误的管理措施

(1) 职业适合性的测试

根据岗位对人生理、心理特征的要求,充分利用生理学、心理学的基本原理,通过测试、分析,选择所需适合职业要求的员工。如航空、航天员就需要选择身体素质、心理素质好的人员。

(2) 安全教育

通过对员工进行系统的安全教育,促使他们掌握安全生产所必需的知识和技能,强化安全意识,使职工形成良好的安全行为。

(3) 技能训练

通过实际技能的训练,熟练掌握操作规程和操作方法。

另外,还有合理地安排工作任务、搞好工作环境、处理好人际关系、进行作业票证的审批等。

本章小结

本章主要论述了人为失误的概念、表现形式、产生过程三种类型。在学习的过程中，要深入理解造成人为失误的原因，从而可以有效控制人为失误，减少事故损失。

自我小结

自测题

1. 什么是人为失误？
2. 人为失误具有哪些特点？
3. 人为失误主要表现在哪些方面？
4. 产生感知差错的原因主要有哪些？
5. 判断过程产生差错的原因主要有哪些？
6. 常见的行为过程差错的原因主要有哪些？
7. 人为失误产生的过程是什么？
8. 人为失误的三种类型有哪些？分别有哪些表现？
9. 防止人失误和不安全行为的措施有哪些？

自测题参考答案

1. 人为失误是未能达到意图所要求的结果的精神、身体活动。

2. 人为失误具有以下特点：

(1) 人为失误的不可避免性；(2) 人为失误的重复性；(3) 人引发失误的潜在性；

(4) 人为失误具有可修复性；(5) 人为失误具有学习改进的能力。

3. 人为失误主要表现在：人感知环境信息方面的差错；信息刺激人脑，人脑处理信息并做出决策的差错；行为差错等方面。

4. 产生感知差错的原因通常主要有：

(1) 信号缺乏足够的诱引效应；(2) 认知的滞后效应；(3) 判断的差错；

(4) 知觉能力缺陷；　　　　(5) 信息歪曲和遗漏；(6) 错觉。

5. 判断过程产生差错的原因主要有：

(1) 遗忘和记忆错误；　(2) 联络、确认不充分；

(3) 分析推理差错；　　(4) 决策差错。

6. 常见的行为过程差错的原因主要有：

(1) 习惯动作与作业方法要求不符；

(2) 由于反射行为而忘记了危险；

(3) 操作方向和调整差错；

(4) 工具或作业对象选择错误；

（5）疲劳状态下行为差错；

（6）异常状态下行为差错。

7. 人为失误产生的过程大致可以分为以下三个阶段：

（1）输入阶段：感官接收信息；

（2）传输阶段：大脑判断和处理；

（3）输出阶段：动作或行动。

8. 人为失误可以分为以下三种类型：

（1）输入失误：看漏、看错、听错等。

（2）传输失误：判断、决定错误、坚信不疑、偏执狂、有意违反规则等。

（3）输出失误：动作操作失误、不熟练操作、动作失败等。

9. 防止人失误和不安全行为的措施：

防止人失误的技术措施：用机器代替人；冗余系统；耐失误设计；警告、标识。

防止人失误的管理措施：进行职业适合性测试；安全教育；技能训练。

另外，还有合理地安排工作任务、搞好工作环境、处理好人际关系、进行作业票证的审批等。

第六章　人的安全素质分析

本章知识框架结构图

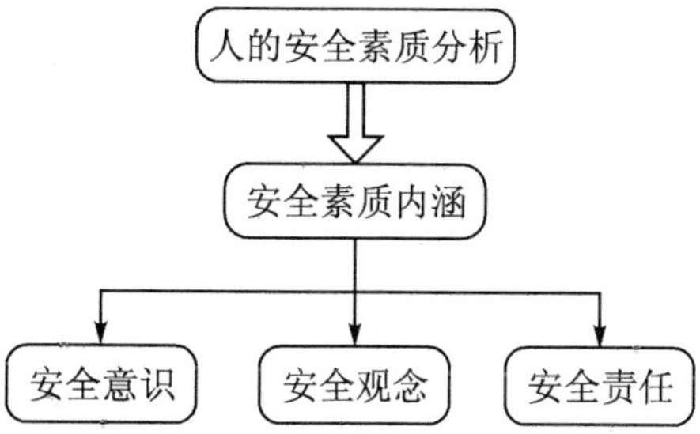

知识导引

事故相关的人、机、环、管四要素中，"人因"是最为重要的。而一个人的安全素质往往决定了这个人的安全行为。本章结合人的安全素质的内涵，应用心理学的知识，主要分析人的安全意识、安全观念、安全责任，以加深人对安全素质的认识，提高安全素质水平。

本章的学习重点及难点

重　点：安全素质的内涵；安全意识、安全观念、安全责任等。

难　点：了解安全素质的两个层次，安全意识与安全行为的关系，人的安全观念以及安全责任体系。

核心概念：安全素质、安全知识、安全技能、安全意识、安全观念、安全态度、感觉、知觉、记忆、思维、情感、情绪、意志等。

本章需要思考的问题

通过本章的学习，需要思考如下问题：

1. 人的安全素质的内涵。
2. 提高人的安全素质的手段。
3. 安全意识与安全行为的关系。
4. 人的安全观念以及安全责任体系。

相关的阅读材料

学习阅读个性心理学、行为科学等相关资料。

本章学习目标

本章的学习目标是：

◇ 了解人的安全素质的内涵，掌握提高安全素质的手段。

◇ 熟悉安全意识、安全观念、安全责任的内容。

教学活动建议

搜集人的安全素质以及安全意识、观念、责任等相关资料，结合读者实际情况，组织讨论学习。

第一节　人的安全素质

一、人的安全素质的内涵

人的安全素质分为两个层次：一是人的基本安全素质，包括安全知识、安全技能、安全意识；二是人的深层安全素质，包括情感、认知、伦理、道德、良心、意志、安全观念、安全态度等。

人的安全知识和安全技能通过日常的安全教育手段可以得到保证和提高，在社会和企业的日常安全活动中(宣传、教育、管理等)，能够得到较好的解决和保证。而安全意识、安全观念、安全态度，以及情感、认知、意志等，则属于心理学研究范畴。具体如下：

① 安全知识。对生活安全、公共安全、工业生产以及自然灾害等方面的危险因素、危险场所，如何预防危险的发生以及发生事故和灾难后的处理办法及措施等。

② 安全技能。现代社会中生活和生产的有关安全方面的危险因素及其消除措施等，不仅要掌握其有关原理、方法，而且要能够实际操作，能够把理论知识运用到具体实践中。如报警电话的拨打、灭火器的使用、公共场所遇险的正确逃生、事故发生时的应急方法和技能等的掌握。

③ 安全意识。这不仅仅意味着要善待生命，更重要的是对健康意识、风险意识、防范意识、科学意识和守法意识的学习和提高。

④ 安全态度。包括遵守安全规章制度，严肃认真操作，时时处处谨慎小心，具有“如履薄冰、如临深渊”的危机意识。

⑤ 安全道德。发现不安全的行为时，应加以制止、提醒或指正，拒绝违章指挥，遇有特别严重险情时，要停止作业并撤离危险岗位，不要操作非本岗位的机械设备和没有安全装置的设备。

安全意识是人的安全文化素质的基础；安全知识、安全技能是安全文化素质的重要条件；安全态度、安全道德是安全文化素质的核心内容。安全意识、安全知识与安全技能三个方面相互依赖，相互制约，缺一不可，构成人的安全素质。实践证明，只有具备正确的安全态度和较高的安全道德的人，才能正确发挥其安全知识和安全技能，成为安全高效的生产者。

在社会生活和生产中，每个人的安全素质是有区别的，一个人的安全文化素质的高低，决定了在实际生活和生产中的具体行为，不同的安全素质产生的效果是不同的。

二、提高人的安全素质的手段

提高人的安全素质的手段主要有以下几种：

① 监督管理：建立安全责任制、进行安全检查、激励员工的安全行为、对违规人员进行处罚等；

② 教育手段：采取课堂听课、视频教学等方法进行安全教育；

③ 培训手段：通过训练、参观、实习等手段进行员工培训；

④ 科学普及：通过科学报告、现场示范等方式进行科学普及；

⑤ 宣传手段：通过一些文学艺术、寓教于乐的活动等进行安全宣传。

只有不断提高员工的安全素质，使员工的自我保护意识提高了，才能使绝大部分员工由被动的“要我安全”变成主动的“我要安全”，行动上做到“我管安全”、“我会安全”，从而在效果上达到“我保安全”的目的。

第二节 人的安全意识

怎样才是一个合格的、具有现代安全意识的人呢？最重要的是要看你是否具备现代人应有的安全意识。这些意识包括：善待生命、珍惜生命的人本意识；事故严重、灾害频繁的风险意识；预防为主、防范在先的超前意识；行为规范、技术优先的科学意识；每时每刻、每处每地注意安全的警觉意识。

人的安全意识是人所处时空安全感的定位和认知，人的安全意识受人的心理活动所支配，而人的心理有认识、情感和意志三个方面的心理活动过程。在这三种心理过程中，最基本的是认识过程。它包括感觉和知觉，记忆和思维。感觉和知觉是初级的认识过程；记忆是一种比较复杂的认识过程；思维属于认识的高级阶段，它和语言密切联系，是人所特有的认识活动。人在认识客观事物时，总要表现出一定的态度或体验，这就是情感。情感是心理活动的另一个方面。人在与周围环境相互作用时，不仅认识事物、产生情感，还要采取行动，人们这种有意识的反作用于现实的活动称为意志行动。意志行动中下定决心、制定计划和克服困难等内部心理活动称为意志。认识、情感和意志三种心理过程，虽然彼此区别，但又是统一的心理活动的三个不同方面。情感、意志随认识而产生，又影响人的认识活动；同时，也必然影响人们在劳动过程中的安全意识。因此，进行科学的安全管理，以提高人的安全意识为目的，就需要研究劳动过程的感觉、知觉；记忆、思维；情感、情绪；意志。

一、感觉、知觉与行为安全

人们所从事的劳动过程，也就是对客观事物的认识过程，其认识的对象十分广泛，不仅包括劳动对象、劳动工具与设备、劳动环境等方面，还包括在生产过程中的各种人和事，实际上是对整个客观世界的认识。其中当然也包含着对安全生产的认识。人们对劳动的认识过程就是从感觉和知觉这种简单的初级认识开始的。

1. 感觉的一般概念和感觉能力

感觉是人脑对直接作用于感觉器官的客观事物的个别属性的反映。在日常生活和劳动中，人们每时每刻所接触到的外界事物都具有各自的属性。例如劳动场所的光线、气味、温度，工作物的颜色与软硬，机器运行的声音等，当这些事物的个别属性直接作用于人的各种感觉器官时，人脑中就产生了各种各样的感觉：光波作用于视分析器产生视觉，声波作用于听分析器产生听觉，等等。感觉的种类很多，有视觉、听觉、味觉、嗅觉、动觉等。

感觉是一种最简单的心理现象，它不反映客观事物的全貌，而只是对它们的个别属性的反映。例如一台开动的机器有外表的颜色、金属碰撞的声音、机油的气味等特性，而感觉反映的只是机器的某一个别属性。视觉只反映颜色，听觉只反映声音，嗅觉只反映气味。所以说感觉是人脑反映客观事物的最简单的心理过程。

感觉反映了事物各种各样的属性。根据感觉所反映的事物属性的特点，一般把感觉分为两大类:一类为外部感觉,主要是通过人的眼、耳、鼻、皮肤的感觉器官接受有机体的内部刺激,来反映外部事物的属性。另一类是内部感觉,主要是通过整个神经系统接受有机体的内部刺激,反映身体的位置、运动的内脏器官的不同状况的感觉,如肌肉运动感觉,平衡感觉,内脏感觉,等等。

感觉是一切认识过程的基础。感觉在人的心理活动中起着十分重要的作用。人们只有通过感觉,才能分辨事物的各种属性,了解自身的运动和姿势,了解机体内部器官的活动情况。一切较高级、复杂的心理现象,如知觉、思维、情感、意志等,都是在感觉的基础上产生的。一个人如果从小就失去了相当一部分的感觉能力,就不可能有较正常的知觉、记忆、思维等认识过程。因此,感觉是我们认识不依赖自己而存在的客观世界的第一步,是我们认识世界一切知识的源泉。人们在劳动过程中,一切不安全因素,如噪音、高温、毒气等,都是通过感觉来认识的。

人的感觉有其共用的机能,存在着普遍的规律。人们借助感觉来认识外界事物,维持正常的心理机能。但人与人之间的感觉能力却存在着很大的差异。同样,人们在劳动过程中,对各种不安全因素的感觉能力也不是相同的。对感觉能力差的人来说,往往容易发生事故。为此,我们在研究感觉能力时,就要了解什么是感觉阈限,什么是感觉性。

所谓感觉阈限是指能够引起某种感觉的持续一定时间的刺激量。这就是说,刺激的强度必须具有一个最低限度,达到或超过这个限度的刺激,才会引起人的反应,这个限度就叫做感觉阈限。感觉阈限分为感觉的绝对阈限与感觉的差别阈限。感觉的绝对阈限是指刚好能够引起感觉的那种刺激物的最小刺激量。例如,人的听觉阈限是声音强度为 0 分贝的声音刺激。感觉的差别阈限是指能觉察出来的刺激物的最小差别量。例如,在质量为 100 克的物体上加 1 克重的物体,不会引起重量感觉的变化。只有加上 3 克或更多重量的物体时,才会引起重量感觉的变化。这 3 克重量的物体就是此种情况下的感觉差别阈限。人的感觉能力不同,不仅是因为人与人之间的感觉阈限存在一定的个体差别,而且感觉阈限往往要受到多种因素的影响。诸如刺激时间的长短,刺激面积的大小,刺激部位的感受器官的原有水平等因素,都会影响感觉阈限。

所谓感觉性是指各种分析器对适宜刺激的感受能力。感受性的大小是用感觉阈限的值来度量的。感受性分为绝对感受性和差别感受性两种。绝对感受性就是指刚刚能够觉察出最小刺激量的感觉能力。差别感受性就是指刚刚能够觉察出刺激物之间最小差异量的感觉能力。使感觉的感受性发生变化的因素有以下三个:第一是由刺激物的持续作用而引起感受性的提高或降低,也就是所谓的感觉适应现象;第二是感觉之间的相互作用,感觉对比则是受当时或先前其他感觉的影响而引起的感受性提高或降低;第三是由于实践活动的影响而使感受性不断发生变化。

感觉阈限和感受性之间成反比关系。引起感觉所需要的刺激量越小,即绝对感觉阈限越小,绝对感受性就越大,其感受能力就越强,反之亦然。在刺激物作用于感觉器官的过程中,其刺激量常常会发生一定的变化,但是并非一切变化都会引起感觉上的变化,只有当刺激物在某一方面发生一定强度的变化时,才能觉察出来。因此,差别感觉阈限和差别感受性之间也存在着一个反比关系,即差别感觉阈限越小,差别感受性就越大,感受能力就越强。

2. 知觉的一般概念及其基本特征

知觉是人脑对直接作用于感觉器官事物整体的反映。知觉的产生,是以各种形式的感觉的存在为前提的。但绝不是把知觉单纯地归结为感觉的总和。人在产生知觉时，头脑中产生的并不是事物的个别属性或部分孤立的映像，而是由各种感觉有机结合而成的对事物的各种属性、各个部分及其相互关系的综合的、整体的反映。知觉的产生还依赖于过去的知识和经验，人借助于这些知识和经验，才能够把当前的事物知觉为某类事物，从而把握所反映事物的意义。人们在劳动过程中的知觉有四个基本特征：

（1）知觉的理解性

是指人们在知觉中总是用过去的知识和经验来理解当前的知觉对象，并用言语加以概括，赋予它确定的含义。知觉的理解性受个人的知识经验、言语指导、实践活动的任务以及兴趣爱好等多因素的影响。首先是知识和经验的影响。知识和经验对知觉对象的理解，是以过去已有的知识经验为前提，例如，我们知觉高温中暑病状，就受生理常识和中暑临床症状的影响。第二是言语指导的影响。言语能够指导思考的方向，指示知觉的内容。例如在安全教育中，常用谈话、讲解、座谈、报告等方式进行安全生产的言语指导。第三是实践活动任务的影响。在有明确的实践任务的情况下，知觉一般都服从于当前的活动任务，人们会根据任务的要求，从背景中选择出所要知觉的对象，并对它加以理解，这样他们对对象的知觉就比较深刻和清晰。例如在防暑降温工作中需要采取隔热措施，通过实践应用，知觉并理解到水隔热是一种简便易行、效果较好的方法。第四是兴趣爱好等的影响。人在知觉中所采取的态度，对知觉的理解有很大的影响。一般来说，当知觉的对象符合自己的兴趣爱好时，则会抱有积极主动的态度，从而就能加深对对象的理解并能获得清晰完整的知觉。

（2）知觉的恒常性

是指当知觉的条件在一定范围内改变时，知觉的映像仍然保持相对不变。知觉的恒常性主要表现在知觉对象在大小、形状、明度和颜色等物理属性方面。大小恒常性是指同一物体在视网膜上所形成的视像的大小。它总是随着物体距离的远近而变。但是，由于知识和经验的参与，人仍然对不同距离的同一物体在知觉上保持其稳定的大小。这种不因距离改变而变化的知觉特性称之为大小恒常性。形状恒常性是当从不同角度观察某一物体时，尽管该物体在视网膜上形成的映像随视角的改变而改变，但人们对它的知觉仍保持相对不变。明度恒常性是指照明环境改变但明度知觉仍保持相对稳定不变的知觉特性。例如一支粉笔，无论把它置于明亮处还是黑暗处，人们都会把它知觉为白色的粉笔。明度恒常性的形成，一般有两个原因：一是人们对物体本身特性的熟悉程度；二是物体对光刺激的反射率。颜色恒常性是指在不同情境下对熟识的物体颜色保持相对稳定不变的特性。

知觉的恒常性的形成对生产和劳动有很大作用，它保证了在不同情况下都能按事物的实际面貌反映事物。

（3）知觉的选择性

在一定时间内人不可能清楚地知觉所有的事物，而只能有选择地以少数事物作为知觉的对象，这样知觉的对象便十分清晰，其他事物则作为知觉的背景比较模糊，这种特性称为知觉的选择性。在大多数情境下，从知觉背景中选择对象并不困难，但有时却会感到困难。从背景中选择知觉对象应该注意下列各种条件的影响：

① 对象与背景的差别。对象与背景之间的差别越大，越容易从背景中选择出知觉对象。任何物体只有在它的亮度、形态、颜色与周围背景不同时，才能被清晰地感知。

② 对象各部分的组合。刺激物本身的结构常常是分出对象的重要条件。刺激物各部分的接近组合和相似组合,都较容易成为知觉的对象。另外,在时间上和空间上接近的刺激物比相隔较远的刺激物更容易组合在一起而成为知觉的对象。

③ 对象的活动性。在固定不变的背景上,活动的刺激物容易被选择为知觉的对象。此外,人们的兴趣、态度、爱好、动机、情绪状况以及有无确定的知觉任务等,都会影响到知觉对象的选择。

(4) 知觉的整体性

在日常的生活和劳动中,知觉的对象具有不同的属性,但是人在反映这些事物时并不是把知觉的对象感知为个别的、孤立的部分,而总是把它们知觉为一个统一的整体,这样把事物的属性集聚在一起的知觉特性称之为知觉的整体性。将分散的对象组织为整体的原则主要有以下几个:接近性原则,彼此接近的物体比相隔较远的物体容易被组织起来而产生整体知觉;相似性原则,彼此相似的物体容易被组织起来形成整体知觉,不仅表现在形状上,而且也表现在强度、颜色、大小等一些物理属性上;封闭性原则,不太完整的或具有一定缺口的图形容易被知觉为一个整体;连续性原则,某事物如果看起来与前一事物具有连续性,该事物就容易与前一事物组织在一起而被知觉为一个整体;良好图形原则,物体的形状如果具有一定意义,就容易按其意义(良好形态)将其知觉为整体。

3. 感觉、知觉与安全的关系

感觉和知觉的生理机制是一样的,都是分析器活动的结果。所谓分析器是指有机体感受和分析某种刺激的整个神经组织,是感觉和知觉的解剖生理基础。分析器由三个部分组成:接受刺激;传递神经,把神经兴奋传递到大脑皮层的相应中枢;皮层上相应的中枢部分,主要对神经兴奋进行分析综合。分析器的三个部分是作为一个有机整体而起作用的,产生感觉、知觉,三者缺一不可。一个人正常的感觉和知觉的产生都需要正常的和完整的分析器活动来进行。所不同的是,感觉是某个分析器单独活动的结果,而知觉比感觉要复杂,它是多种分析器对复杂刺激物或多种刺激物之间的关系进行分析综合的结果。

感觉和知觉具有共同之处,它们都是对当前客观事物的反映,也就是说都是人脑对客观事物的直接反映。它们是不能分开的,是同一心理过程中的不同阶段。可以说,没有反映事物个别属性的感觉,就不可能有反映事物整体的知觉。感觉是知觉的基础,知觉是感觉的深入和发展。对某一事物感觉到的个别属性越丰富、越精确,对该事物的知觉也就越完整、越正确,并且知觉也是在人已有的知识和经验的基础上形成的。因此,知觉的产生在极大程度上依赖于一个人过去的经验,并受人的兴趣、需要、动机、情绪和个性等各种心理因素所制约。在现实生活的生产劳动中,人一般都是以知觉的形式直接反映事物的,感觉只是作为知觉的组成部分而存在于知觉之中,很少有孤立的感觉存在。我们在研究劳动过程中的感觉和知觉时,为了避免叙述的重复繁琐,应尽量将感觉和知觉结合起来加以探讨。

感觉和知觉的种类很多,感觉有视觉、听觉、味觉、嗅觉、触觉、动觉,等等。知觉以不同的角度分成三类:一是根据在知觉过程中起主要作用的感觉器官,把知觉分为视知觉、听知觉、触知觉等;二是根据知觉所反映事物的特性,把知觉分为空间知觉、时间知觉和运动知觉;三是根据知觉能否正确地反映客观事物,把不能正确反映客观事物的知觉称为错觉。下面运用其中主要有关的感觉、知觉原理来分析劳动过程的安全因素。

(1) 视 觉

所谓视觉，是由于物体所发出的或反射的光波作用于视分析器而引起的感觉。视觉能使人辨别外界事物的各种颜色、明暗，对工作、学习、生活起着重要作用。有学者认为，一个正常人从外界接受的信息，85%以上是通过视觉获得的。尤其是在生产劳动过程中，视觉的作用显得更为重要。通过视觉，可以知觉到人们的劳动环境、劳动对象、劳动工具以及知觉到劳动过程中不利于身心健康和影响安全的因素。视觉的特性有以下几个方面：

① 明暗视觉。可以知觉劳动环境采光和照明的要求。符合要求的有利于健康和生产，不符合要求的则有损失于健康和生产。不同的劳动内容对环境、采光和照明有相应的要求，具体要求如下：第一是工作场所的采光和照明需符合一定的标准，即工业企业采光设计标准和工业企业照明设计标准。第二是工作场所内受光均匀，切忌室内太亮，而周围或其他地方太暗，否则容易使劳动者眼睛疲劳。第三是工作场所内不能有耀眼的强光。第四是工作场所应尽量避免设在只有人工照明而无自然照明的建筑物内，因为长时间在人工照明条件下工作，劳动者的眼睛得不到休息。

② 颜色知觉。可以知觉人们在工作环境中的颜色要求和颜色标志。颜色有三个基本特征：一是色调，它由光线的波长所决定，是一种颜色区别于另一种颜色的根本标志，如红、黄、蓝等色彩；二是饱和度，它是指在一种彩色中决定其色调的光线与混合光线的比例，如每种颜色的浓淡；三是明度，明度也称为彩色的亮度，它是彩色和非彩色都共同具有的属性。明度是由物体反射出来光线的多少，即由反射条数决定的，如颜色的暗亮，最亮的是白色，最暗的是黑色，其余的则是灰色。人们在看任何物的颜色时都可以从这三个方面来进行分析。颜色根据人的主观心理反映，可以分为暖色和冷色。一般认为，体力支出较大的劳动比较适宜在冷色工作环境中进行。所谓冷色主要包括绿色、蓝色、紫色，以及白色、灰色和黑色等。体力支出较小的劳动则比较适宜在暖色的工作环境中进行。暖色主要包括红色、黄色、橙色、绛色等。人们还可以通过颜色视觉，知觉到工作对象和工作背景的颜色对比要求。因为工作对象与工作背景有着密切的联系，如果它们的颜色对比不适当，则劳动者视觉分辨的清晰度就会降低，不仅影响生产效率，而日容易发生事故。研究证明，下列的颜色对比较好：蓝白、绿白、黑白、红黄、红白、橙黑、橙白等。人们可以通过颜色视觉，知觉生产劳动中的安全颜色和安全标志。所谓安全颜色就是表达安全信息含义的颜色，有四种：红色表示禁止、停止(防火)；蓝色表示指令、要遵守的规定；黄色表示警告、注意；绿色表示提示、安全状态、通行。所谓安全标志由安全色、几何图形符号构成，用以表达特定的安全信息，分为禁止、警告、指令、提示四类。

③ 视觉错觉，是由于视觉对客观事物的知觉不正确所致。造成错觉的主要原因有生理和心理两大类。人们在生产劳动过程中所发生的错觉有其危害性，有可能导致事故的发生，是产生某些事故的根源和因素。但有些错觉，特别是颜色方面的错觉可以用来改善人们的劳动心理情绪。在日常生活和劳动中，常出现的错觉有三种：一是几何图形的错觉，例如一只正方体的零件往往被看成高比宽长的长方体；同样大小的零件如果被小零件包围时就会显得大一些；而被大零件包围时就会显得小一些；同样大小的设备远看小近看大，俯视低仰望高，这类错觉容易造成吊装上的失误。二是大小重量的错觉。这类错觉主要是指人们对两个重量相同大小不一的物体进行知觉时，会产生一种小物体比大物体重的不正确的知觉。例如两只同样重的零件，一只是木模，一只是铸钢件，由于木材与铸钢的密度不同，铸钢件要比木模小，这类错觉就容易导致在吊装和搬运时疏忽。三是空间定位的错觉。主要是由于视觉和平衡的不协调而

产生了一种不正确的空间知觉。例如，劳动者在高空作业时由于习惯于用地面的姿势来辨别空间位置，这样就容易产生空间定位的错觉。这类错觉容易造成某种事故，如起重机械驾驶员在吊物运行和落点准确方面容易发生偏差而造成事故。

④ 颜色方面的错觉。颜色错觉是指一种由于颜色而引起的不正确的知觉。这种颜色错觉在劳动过程中较为常见的有以下几种：颜色的重量错觉。同样重的两件物体涂上黑色与涂上浅绿色或天蓝色相比，会使人感到涂上黑色的物体要重。颜色的空间错觉。同样大的空间如果四周涂上如白色、乳色等浅颜色，要比涂上如黑色、褐色等深色显得比较宽大。颜色的温度错觉。同样温度的工作场所，如四周涂上草绿色、浅蓝色等冷色，会使在其中劳动的人们感到凉爽；如果四周涂上粉红色、橘黄色等暖色，则会使在其中劳动的人感觉暖和。颜色的声音错觉。在多噪音的环境中，如果四周涂上绿色和蓝色，可以使人感到比实际环境安静一些。从以上所述的颜色错觉的特点来看，人们在劳动过程中，可以利用对颜色的错觉来改善劳动环境，调节人的情绪，保护人的身心健康，提高劳动效率。

(2) 听　觉

听觉是指声波作用于听分析器而引起的感觉。听觉的适宜刺激是声波，适宜刺激声波的振动频率为 16～20000 周/秒。声波是物体振动时所引起的周围空气的周期发生压缩和稀疏，并在空气媒介中传播，进入耳，最后便在大脑中产生听觉。听觉是对声波物理特性的反应，因此，声波的物理特性决定了听觉的性质。具体有三种：一是音高，是指声音的高低，它是由声波的频率所决定的。所谓声波的频率是指声源每秒钟振动的次数。声波的频率越高，声音的音调就越高；声波的频率越低，则声音的音调就越低。例如，男子的声音音调较低，而女子的声音音调较高，就是由于男女的声带振动频率不同而造成的。二是响度，是指声音的强弱。它是由声波的振幅所决定的。声波的振幅越大，声音的强度就越大；反之，则越小。三是音色，它是由声波的振动波形决定的，是一种声音区别于其他声音的根本标志。音色有纯音和复合音之分，在不同频率声波所组成的复合音中，根据波形是否有周期性，可把声音分为乐音和噪音。所谓乐音是呈周期性振动的声波，噪音是呈非周期性振动的声波。超过一定强度的噪音，较大时间作用于听觉器官，会对人的身心健康产生极大的不良影响。

人们在劳动过程中，可以根据声音的音高、响度和音色的差异来区别不同的声音，其中有的可以运用到有关安全生产和劳动保护的工作中去。

听觉一般可分为三种形式，即言语听觉、音乐听觉、噪声听觉。在这些听的感觉中，音分析器能分辨声音的不同性质，如音高、响度和音色。加之声音的连续性，从而使人感觉到声音的千变万化，并能知觉各种声音所反映的客观事物。

语言听觉是分辨言语声音的听觉或感受力，这种能力是在生活和劳动中形成的，它依赖于人自动接触的语言环境的训练，人们在劳动中的交往、操作、学习等都依赖于语言听觉。音乐听觉其社会性并不亚于语言听觉，它使人们依赖于与声音相反的某种情绪色彩从而引起审美快感。例如码头工人的号子歌、行军的进行曲、广播操的操练声，等等，都能给人们带来工作和生活方面的快感。它们能帮助人们驱散疲劳，振奋精神，提高工作兴趣，奋发工作。

噪声听觉是安全工作更应关心的听觉。从物理学的观点来讲，噪声就是我们上面所说过的呈非周期性振动的声波，即不同频率的声音的杂乱组合。从生理学的观点来讲，凡是使人烦躁的、讨厌的、不需要的声音就是噪声。噪声对人体的危害是多方面的，它对中枢神经系统是一种强烈的刺激，能引发机能障碍，并通过神经系统作用于其他器官的损害，轻者听力下降，重者耳聋，如人耳突然暴露在极其强烈的高达140～150分贝的噪声下，一次刺激就可能导致耳聋，如噪音达到175分贝时就会置人于死地；根据科学实验和实践经验可以得知，人们在15～35分贝的声音环境中工作一般感到比较舒适，随着声压缩的分贝的增加就会使人们感到头痛、头晕、疲倦、易怒、多疑；在45分贝的噪音刺激下对人的睡眠有一定的影响。长期在80分贝以上的噪声环境中工作会使人的听力受到损害；在90分贝的噪声环境中劳动四十年以上耳聋几率可达21%；在100分贝噪声影响时，就会发生血管收缩、心律改变、眼球扩张，或引起身体各个系统的长期病变，如慢性疲劳、噪声性耳聋、高血压、心脏病、胃溃疡等。噪声对人的影响非常大，它不仅引起身体生理的改变和损害，还会导致心理上的不良影响，妨碍工作和工作效率，甚至会导致工作出现差错和事故发生。噪声会提高人的情绪反应水平，使人的心情烦躁不安，在噪声条件下，人会变得容易激动、心神不安、情绪剧烈。噪声对人的情绪影响有以下特点：一是高频噪声比低频噪声更加讨厌；二是夜间噪声比白天噪声更加糟糕；三是间歇起伏的噪声比稳定的噪声更加可恶；四是人为的噪声比自然的噪声危害更大。

噪声影响人的工作主要表现在以下几方面：一是噪声会分散人的注意力。心理学原理告诉我们，在劳动过程中，任何与生产任务不相干的刺激物都会引起人们的注意。也可以说，噪声是一种分散注意力的刺激物。熟悉的噪声刚产生时使人注意力不集中；突然而来的噪声往往会导致"惊跳"反应，产生破坏性影响，不仅使人们的工作注意力分散，而且会使人的生理紧张程度明显提高，从而造成人疲劳，容易发生事故。二是噪声会破坏人们在劳动中正常信号的传递。特别是强度超过70分贝的噪声，会掩盖劳动信号的发生及破坏劳动信号的传递，使人在劳动中的反应时间延长（即反应能力下降），影响了人劳动的适应性及人的识记、观察、判断、比较能力等，使工作时间加长，质量下降，差错率上升。同时，由于噪声破坏了正常信号的传递，使人在劳动过程中的人际间有效交往的次数和时间减少。据调查，在噪声极其严重环境中劳动的人往往比在安静环境中工作的人更具有侵犯性、自私性，更多疑、易怒，这种对人劳动心理品质和心理状态的影响，既不利于人际感情的发展，又直接危及生产任务的顺利完成。三是噪声会降低人的工作能力。噪声会降低感觉运动过程的速度和准确性，特别会影响到复杂的协调动作的进行，并对人机体心理产生整体性影响，从而降低人的工作能力，降低劳动生产率。有人测算，由于噪声的影响，可使劳动生产率降低10%～50%。同时，工作发生差错的概率也会相应增多，当噪声达到120分贝时人的劳动工作错误率将增加30%。有人对电话交换台做调查，噪声从50分贝降低到30分贝以下时，差错率可减少42%。

噪声在国外已被列为世界三大公害之一，我国自20世纪50年代以来，随着工农业的迅速发展，国民经济日益繁荣，特别是工业交通事业的增长，噪声已成为一种严重的现代环境污染。消除和防治噪声已成为安全科技界的重要工作。

（3）其他感觉

除上面所述的听觉和视觉外，在劳动感觉过程中，还有触觉、动觉、嗅觉等感觉。这些感觉均与安全生产有着密切的关系。触觉是皮肤受到机械作用后产生的一种感觉。触觉的感受器散布于全身体表，它是一种感觉神经元的神经末梢。触觉常常和温度觉、痛觉混在一起，很难将它们严格区分开来。动觉，又叫运动感觉，是指对身体运动和位置状态的一种感觉。动觉感受器在肌肉、肌腱及内耳的前庭器官中。一个人即使闭上眼睛也知道自己是站着、坐着或躺着，也知道自己的手、脚、头是否在运动，这就是动觉。动觉往往和其他感觉相联系，构成各种复合感觉能力的基础。嗅觉的感受器是嗅觉细胞，位于鼻道上部粘膜的嗅上皮肉。嗅觉主要有六种：花香气、水果气、香料气、焦臭气、树脂气、腐烂气，当几种适宜刺激同时作用于嗅觉感受器时，嗅觉会发生变化。主要有以下三种情况：

① 气味的融合，指两种不同气味混合后得到一种单一的嗅觉；②气味的竞争，指如果同时刺激嗅觉感受器的两种气味中有一种特别强烈时，就会产生只闻到一种优势气味的现象；③气味的抵消，当两种气味选择适当而且混合的比例也适当时，可以产生气味抵消，不产生嗅觉的现象。

人们通过触觉、动觉、嗅觉等感觉，可以知觉劳动环境的大气、温度等状况，这对于安全生产和开展劳动保护工作是十分重要的。

首先，工作环境的大气与人的身心健康和劳动效率有着直接的关系。被污染的大气，能导致人产生严重的生理和心理不良症状。其次，劳动环境的温度主要取决于从太阳取得能量，其比率随季节、高度、日时及劳动性质的变化而变化。衡量环境的温度主要以人的舒适感为标准，人的舒适温度为23～26℃，过高或过低都容易使注意力涣散，感觉疲劳，影响生产情绪和身心健康。温度环境对人的心理，包括知觉判断、反应能力、动作协调准确性、注意力分配、记忆精确性及心境都有影响。根据研究，人在15～25℃左右的环境中劳动，接受信息的平均误差较小；低于5℃或高于30℃，误差率就会急剧上升，并且时间越长，误差就越高，对技术较差的劳动者来说更是如此。由此可见，在高温和低温条件下劳动，对人的身心健康和工作效率都会产生不良的影响。人在高温条件下进行工作，身体必然要通过大量排汗来维持正常的体温，但这种新陈代谢的加快必然伴随着心率与呼吸的变化，并且由于大量出汗导致失水、失盐、汗腺疲劳等，使人不能坚持工作。实验证明，人在20℃环境中工作，舒适感较好，温度升到30℃时，尚可坚持几小时，当温度升高达到35℃时，不消一小时，就会产生恶心、抽搐、疲乏等心理反应。这些反应在生理上统称为“高温症状”。人在低温条件下进行工作，据测定，由于体力劳动使肌肉产生热量，因此相对来讲，在低温条件下劳动的人具有一定的适应能力。但是，环境温度过低，周围气温会不断吸收人体的热量，为保持恒温，人体就要消耗更多的能量来产热；因而，在低温条件下，人劳动时的能量消耗要大于允许温度条件下的同等强度的劳动。在低温下持久工作，人会出现呼吸急促、心率加快、头痛、麻木等生理反应；并同时会出现感觉迟钝，动作反应不灵活，注意力不集中等心理反应。这些反应统称为“低温症状”。低温直接影响人的情绪与意识，使工作受到影响，严重的则会伤害人的身体。

人们在劳动过程中认识感觉和知觉是非常重要的。研究生产过程中的人的安全和健康等方面的感觉知觉，是搞好安全生产和劳动保护工作的重要方面。人的感觉、知觉的灵敏度的提高，受各种因素的影响，其一是要提高人们的科学知识水平和劳动技能；其二是要提高人们的观察能力，做到有目的、有计划、比较持久的知觉；其三是不断提高劳动过程中的安全科学技术水平，创造适应人的生理和心理机能的外界环境。

二、记忆、思维与行为安全

人对劳动过程的认识，如果一直停留在感觉和知觉阶段，是不能正确、完整地认识客观事物的。可以说，人在生产劳动中感知过的事物，如果没有记忆，就等于一无所有，不能形成概念或经验。人的认识过程，只有在感觉和知觉的基础上，需有记忆参与，并在记忆的基础上进行复杂的思维活动，才能完整完成。

1. 记忆的概念与记忆过程的环节

记忆，是过去经验在人脑中的反映。人们在劳动过程中所感知过的事物，思考过的问题，练习过的动作，体验过的情感，在事情经过之后，如果不能把具体感觉的东西保留下来，就不可能获得知识、取得经验、形成概念。而实际上其印象并不会消失，其中有相当部分作为经验在人脑中保留下来，以后在一定条件的影响下又重新得到恢复，这种在人脑中过去经验的识记、保持和恢复的心理过程，就叫做记忆。

心理学中的“记”为识记和保持，忆为再认或回忆。识记、保持、再认或回忆是记忆过程的三个基本环节。

(1) 识　记

识记是识别和记住事物，从而积累知识经验的过程。人们对客观事物的记忆是从识记开始的，这是记忆过程的第一个基本环节。根据在识记时有无明确的目的，可把识记分为无意识记和有意识记。

在日常牛活中和劳动中，人们有时虽然没有给自己提出明确的识记目的和任务，也没有做出任何特殊的意志努力和采取专门的方式来记住某些事物，但有些事物却自然地记在头脑里，成为个人知识在经验方面的组成部分。这种事前没有确定识记的目的，也不用任何有助于记忆的方法，叫做无意识记。

无意识记其有很大的选择性，并不是人们所有经历过的事物都能自然而然地被记住。在所经历的事物中，凡是对人具有重要意义的，与人的需要、兴趣、活动的目的和任务密切联系的能激起人情感的事物，都容易被无意识记住。由于无意识记一不需要意志努力，二不需要采用任何有助于识记的方法，所以消耗精力较少。因此，我们在安全教育方面如果能通过无意识记使职工增强安全意识和提高安全技能，就可以减轻职工在学习上的负担。但无意识记的内容往往是片断的、带有一定的偶然性，单靠它是不能获得系统的科学知识的。

事先明确了识记的目的，运用一定的方法，必要时需自己做出一定意志努力的识记显得更为重要，因为人在掌握系统的科学知识时，主要依靠有意识记。由于有意识记要求人具有高度的积极性与自觉性，因此，在条件基本相同的情况下，有意识记的效果远比无意识记的效果要好得多。影响有意识记的因素大致有两方面：一是明确识记任务的远近对记忆保持的久暂有关；二是确定不同识记任务影响识记的方法、进程和效果。根据人们对认识论材料的意义是否理解，可将识记分为机械识记和意义识记。机械记忆主要是机械地重复记忆，而意义记忆则主要是通过对事物意义理解的记忆。在安全宣传教育中，我们从意义记忆上支持理解、熟悉劳动保护的方针效果和安全生产规律制度有更为现实的意义。

(2) 保　持

保持是巩固已获得的知识和经验的过程。信息处理的观点认为，保持是我们感知过的事物、体验过的情绪、思考过的问题在头脑中的编码和贮存，是记忆和经验在头脑中系统的贮存和巩固。保持不仅是巩固识记所必需的，而且也是实现回忆或再认的重要保证。

信息在头脑中的保持，并不像物品在保险柜或材料仓库中的保存，它是变化和发展的，这种变化和发展表现在内容的量和质两个方面。在量方面，其内容所发生的变化有两个特点：第一，记忆内容中不太重要的部分会趋于消失，而较显著的特征能较好地保持，使记忆的内容更简略、更概括、更合理。第二，记忆中有些内容的某些特征通过选择而保持下来，同时又会增添某些从未出现过的特征，使记忆内容更容易被理解。在质的方面，信息在记忆中的保持，其内容的质也会发生变化，这主要是常常受到个人的认识经验、心向（定势）以及情绪动机等心理因素的影响所致。

(3) 回忆或再认

回忆或再认是在不同的情况下恢复过去的知识经验的过程。过去经历过的事物已不在面前，而把它们在头脑中重新呈现出来的过程则称为回忆；过去经历过的事物再次出现在面前时能够把它们辨认出来的过程则称为再认。回忆和再认之间的主要区别在于，再认一般是在感知过程中进行的，而回忆则是在感知之外，通过一定的思维进行的。人们记忆过程中的识记、保持、回忆或再认这三个基本环节是相互联系、相互制约的。没有识记知识和经验，就谈不上保持，没有保持，回忆或再认也不可能；反之，回忆或再认不仅是识记结果的表现，而且它也反过来加强了识记。因此，识记和保持是回忆或再认的前提，回忆或再认是识记和保持的结果。人们在生活和劳动实践中就是通过识记、保持、回忆或再认这种统一的记忆过程来对过去经历过的事物进行反映的。

2. 思维的概念和思维的种类及特点

所谓思维，就是人脑对客观事物概括的间接的反映过程。它是人脑对客观事物的本质属性和规律的反映，是人的理性认识，是认识的最高阶段。

人们对客观现实的认识活动，从感觉、知觉到表象，都是人脑对客观现实的直观反映，这种反映是凭借人们的感觉器官直接与外在事物联系的。它不能认识事物的本质特性与规律。生活和劳动的经验告诉我们，许多事物及其属性都不能被我们直接地感知，也不能仅靠我们的感觉器官去反映它们、认识它们。为此，人们必须通过一定的间接途径，在已有的知识经验的基础上，以概括的、间接的途径去寻找答案，去认识这些事物，这就是思维。人的思维具有概括性和间接性两个特点：思维的概括性指对同类事物的本质属性和事物之间规律性联系的反映。它反映了事物之间的本质联系的规律。概括有感性的概括和理性的概括这两种不同的水平。感性的概括是低级的概括形式，大都是在直观的基础上自发进行的，往往不能正确地反映事物的本质及其规律；理性的概括则是高级的概括形式，是在分析、综合、比较、抽象和概括等思维过程中进行的。人们可以通过概括，由现象到本质，由片面到全面，由外部联系到内部联系，大大加深和提高了对客观事物认识的水平。思维的间接性是指通过其他事物的媒介来反映客观事物。事物的本质属性和规律并不是表露在外的，而是蕴涵在事物内部，只能间接地去获取。思维的间接性是以人对于事物概括性的认识为前提，因此，思维的概括性的反映的特点和间接的反映的特点是密切相连的。它们的反映活动，特别在抽象思维中是凭借语言实现的。从这个意义上来讲，没有语言，人们就不可能脱离开事物的具体特点去进行概括，也就不可能进行抽象概括的思维。思维的种类，按照人们在思维过程中的不同情况，可以分为以下几种类型。

(1) 思维的类型

根据人们在思维过程中凭借物的不同情况，可以分为动作思维、形象思维、抽象思维。

动作思维。动作思维是一种依据实际动作来解决问题的思维过程。它具有明显的外显性特征，即通常是以直观的、具体形式的实际动作表现出来。例如，一台机器发生故障时，进行全面检查，确定是电器故障还是机械损坏，通过一系列操作，最后找出机器损坏的原因，这一系列的思维活动过程，都是伴随着实际动作来进行的。

形象思维。形象思维是凭借已有的形象或表象来解决问题的思维过程，当人们利用直观形象来解决问题时，形象思维就很明显地表现出来。心理学研究表明，形象思维是个体发展的重要阶段，特别是在解决比较复杂的问题时，鲜明、生动的形象或表象有助于思维的顺利进行。例如，在开展安全生产的宣传教育工作时，大量地运用了形象思维，能使教育产生生动、形象的效果。

抽象思维。抽象思维是以概念、判断、推理的形式来反映客观事物，达到认识事物的本质特征和内在联系的思维过程。它是人类思维的重组形式。抽象思维亦称逻辑思维，可以分为形式逻辑思维和辩证逻辑思维。

(2) 思维探索目标的方向

根据人们在思维过程中探索目标的方向，可以分为集中型思维和发散型思维。

集中型思维。集中型思维是指把问题所提供的各种信息聚合起来，朝着同一个方向，导出一个正确答案（或一个最好的解决方案）的思维过程。其主要特点就是求同，即对要解决问题的信息加以组织，在不知结论的情况下，朝着一个方向思考，寻找出一个正确的答案。从一个肯定的前提，推导出一个明确的结论，所以也有人称它为求同思维。

发散型思维。发散型思维是指一个问题有多种答案，向着各种可能解决的方向，去探索各种解决问题的正确答案。这种思维方式，不拘泥于一种解决途径，不局限于既定的理解，其主要特点是求异和创新。发散型思维开始时往往在常识范围内进行思考，从常规方向进行探索，通过不断换向，反复变通，才能向新的方面发散思考，产生更多的新异性成分。思维的流畅性，即对刺激做出流畅的反应能力；思维的变通性，即对刺激随机应变的能力；思维的独特性，即对刺激做出不寻常反应。具有新异性的成分，是发散型思维的重要特点。

(3) 思维创新程度的分类

根据人们在思维过程中的创新程度，可以把思维分为习惯性思维和创造性思维两种类型。

习惯性思维。习惯性思维亦称再生性思维，是指运用已有的知识和经验，不需更改地去解决类似情境中的问题的思维过程。它也可以有创新的成分，但它与创造性思维中的创新相比，程度有所不同。习惯性思维常应用现成的结论和方法来解决问题，不善于变通，因此，其创新成分较少。

创造性思维。创造性思维是指以新异的、发明性的方法来正确解决问题的思维过程，是人类思维的高级过程。它不仅揭示客观事物的本质特征和内容联系，而且在此基础上追求创新、发明、打破框框、不拘一格，产生新颖的前所未有的思维成果，给人们带来新的、具有社会价值的产物。其主要特点是具有鲜明的主动性和创造性。

3. 劳动过程中的记忆、思维与安全

记忆是一种比较复杂的认识过程，思维属于认识的高级阶段。一个工人在劳动过程中如果不能正常地记忆和思维，不仅不能搞好生产工作，而且不能保障生产安全。不难想象，一个工人如不能完整地记住机器的操作规程和操作方法，遇到事故征兆，不能做必要的分析、综合、比较，并且不去考虑怎样解决问题，是难免会发生事故的。因此，人们在劳动过程中的启发思

维是与安全有着密切关系的。

(1) 人的记忆过程与安全的关系

在识记方面，人们对于安全技术、安全规程、安全制度等方面的安全生产保健和劳动保护等方面的经验，在识记时应该以有意识记为主，同时还要提倡实行无意识记，因为机械识记主要是依机械重复而进行的识记。例如，超重机械“十不吊”的内容，作为起重机械驾驶人员必须牢牢记住，是安全操作的必备条件。实践证明，如果单靠无意识记是记不住、记不全的，只有用有意识记才会有较好的效果。在记住“十不吊”的内容时，不仅要知其然，而且要知其所以然，要理解“十不吊”的内容与机械原理，设备与人身事故等方面的联系及因果关系。当然，在识记过程中，也不能忽视无意识记。人们往往通过典型事故的教训以及在安全宣传教育等各方面的影响，潜移默化地增强了人在劳动中的安全意识。

在保持方面。人们对识记过的安全生产知识和经验在大脑保持的过程中会在数量和质量上发生变化，如果不复习，随着时间的推延，所保持的内容将会越来越少。例如，一个电焊工在学习焊工“十不烧”后，当时记住了，到了第二天就可能忘记一部分，这就会影响安全生产。人们要保持识记的内容，并能把识记的对象修改得更完整、更合理，不仅要做到及时复习，同时要防止遗忘。

所谓遗忘就是对识记过的事物不能回忆或再认，或者错误的回忆或再认。遗忘也就是说没有把识记过的内容保持下来。德国心理学家艾宾浩斯曾对遗忘现象做了系统的研究，发现人类的遗忘过程是有规律的。他提出的“艾宾浩斯遗忘曲线”表明，在识记之后短期内遗忘马上开始，其进程是不均衡的，最初一段时间忘得快，后来逐渐缓慢，到了一定时期，就几乎不再遗忘，遗忘的发展是“先快后慢”。我们要根据遗忘曲线的规律，组织开展安全教育及组织复习和定期复训工作。例如，特殊工程和要害岗位的操作工人不仅要抓好培训考核工作，而且还规定了每隔两年复训、考核一次。这实际上就是防止遗忘，保持和发展对工程安全知识和经验的识记。

在回忆和再认方面。回忆，对于人们所从事的生产劳动活动具有重要意义，但是回忆常常不是正确无误的，而回忆的错误就潜在着各种不安全的因素。由于回忆不是对识记过的事物、旧的经验的简单重复，常常会受到每个人的知识、经验等各方面的影响，而使回忆的内容发生变化。人们的回忆出现错误有以下几个特点：一是认为无关紧要的内容就删掉，自己感兴趣的或已习惯的就增加；二是以自己熟悉理解的内容来取代自己不熟悉或不理解的内容；三是相似的内容之间易泛化或引起混淆。因此，人们既要充分利用回忆，但也不能过分依赖自己的回忆，俗语说：“好记性，抵不上烂笔头”，所以，有些重要的事情，要用文字记录下来。在安全生产方面，就要将比较关键的操作程序、操作规程和安全技术等，老老实实地记在纸上，以便需要时能及时查对，避免因回忆失误而发生事故。同样，再认在生产劳动活动中也是重要的。

(2) 人们的思维过程与安全管理的关系

人们的思维过程主要表现为分析、综合、比较、抽象、概括和具体化等。其中分析和综合是两种最基本的思维过程，其实思维过程都是通过分析和综合来实现的。在安全管理方面，分析和综合同样是必不可少的基本思维。

分析。分析是人脑把整体的事物分解成各个部分、个别特性或个别方面的一种思维过程。运用分析方法，在安全管理工作上，在研究和揭示安全管理的规律方面，发挥了极为重要的作用。例如，通过对职工伤亡事故的分析，可以找出事故发生的规律。通常的分析方法主要有：对事故发生的地点、类别和工种进行分析；对发生事故的时间进行分析；对伤亡人员的情况进行分析，等等。

综合。综合是人脑把事物的各个部分、不同特性和不同方面结合起来的一种思维过程。在安全管理方面，综合的思维过程是非常重要的。应当说，关于安全生产方针、劳动保护法规、安全生产责任制度以及各种安全卫生法规、安全技术规程、安全生产工作条例、劳动安全和劳动卫生标准等，都是在综合的基础上建立起来的。

安全管理问题的解决过程，就是分析和综合的思维过程。人们在生产劳动和安全管理活动中经常会碰到各种各样需要解决的问题，问题的解决就要依靠思维，问题解决的能力是人们思维能力的主要表现，也是衡量人们智能水平的一个重要方面。虽然安全管理问题的内容各种各样，表现形式和出现的情况也各有特点，但是问题的解决都是建立在分析和综合等思维的基础上的。问题解决的过程也有一些普遍的规律，基本可以分四个阶段：第一是提出问题。这是解决问题的起点。提出一个问题比解决问题更重要，因为后者仅仅是方法和实验的过程，而提出问题则要找到问题的关键、要害。提出问题包括明确要解决什么问题，这个问题有什么特点，解决这个问题需要什么条件等。第二是形成策略。这是指形成解决问题的方案计划、原则、途径和方法，又叫做提出假设阶段，这是问题解决的一个主要阶段。在此阶段，对问题内部联系的了解和把握、创造性思维、对过去的经验及有关科学的知识等了解都具有重要作用。第三是寻找手段。这是指寻找解决问题的方法和相应的手段。如果问题较为简单，人们在形成策略的同时，往往也就寻找到了手段。如果问题比较复杂，则需要根据解决问题的策略来进行手段的选择，没有正确的手段往往会使正确的策略归于失败。第四是实际解决。这是问题解决的最后阶段。提出的问题通过适当的手段最终解决了，这说明策略和手段是正确的。如果没有解决，则说明策略和手段甚至提出的问题都可能有错误，需要进行相应的修正。

三、情感、情绪与行为安全

人们劳动的情绪和情感过程，是与认识过程有着密切联系的。认识过程是产生情绪和情感的来源和基础，情绪和情感总是伴着人的认识过程而产生，并且随着认识的变化而变化。人们在劳动过程中，由于对劳动活动和安全生产的认识，产生了情绪和情感。人们所引起的情绪和情感，对人的身心健康和安全生产有着较大的影响。

1. 情绪和情感的概念及其联系与区别

情绪和情感是心理活动的重要表现，它伴随着认识过程而产生。在情绪和情感中，人们对新认识的事物所表现出来的态度，总是带有某些特殊色彩的体验，不同的态度决定着人们不同的体验，因此，情绪情感也是人对客观事物态度的体验。高兴、痛苦、恐惧、羞愧等心理现象就是各种形式的情绪和情感体验。根据人的需要满足与否，情绪和情感还具有肯定的或者否定的性质；凡是能满足个人需要的事物或现象，会引起肯定的情绪和情感，如愉快、喜爱、赞叹等；凡是不能满足个人需要的事物或现象，则会引起否定的情绪和情感，如不愉快、烦恼、愤怒等。情绪和情感是伴随人的认识过程产生的，尽管情绪和情感与认识活动的关系密不可分，但两者是不同的心理过程。人的认识过程是对客观事物的特征和规律的反映，而情绪和情感则是人对客观事物与人的需要之间关系的反映。

情绪和情感都是由人对客观事物或现象的需要是否得到满足而产生的，是人对客观现实的态度的体验。情绪和情感的联系是十分紧密的，情绪依赖于情感，情感也依赖于情绪，离开了具体的情绪过程，人的情感及其特点就不可能产生，而且情绪的变化则受到已形成的情感及其特点的制约。从某种意义上来说，情绪是情感的外在表现，情感是情绪的本质内容，情感的发展变化是通过情绪变化来实现的，即是在大量的情绪体验的基础上形成的，若要改变一个人的情感就必须依赖于对情绪的共鸣而逐渐达到。但是，严格来说，情绪和情感这两者是有区别的，大致有以下几点：

第一，从情绪和情感的内容来看，情绪一般是指有机体的生理需要是否获得满足的情况下产生的经验。如由饮食而引起的满意或不满意的体验。情绪是人和动物共同具有的，但人的情绪在本质上与动物的情绪是有所不同的，它受到了社会生产过程的制约。情感则与人为的社会关系及制约的社会性需要紧密地联系在一起，是在人的社会需要是否获得满足的情况下产生的体验，如由精神文化生产的需要引起的体验。其性质常与稳定的社会事件的内容密切相关，因此，情感是人类所特有的一种心理现象。

第二，情绪在其表现形式方面比较短暂和不稳定，一般是由在当时当地的特定条件下产生的，具有较强的情境性，而情感具有较强的稳定性、长期性和深刻性。

第三，情绪比情感具有较强的冲动性和明显的外部表现。情感一般来说很少有冲动生气和很明显的外部表现，情绪则相反。

2. 情绪的基本形式和状态

一般把快乐、愤怒、恐惧、悲哀列为人类最基本的或原始的情绪形式。引起这些情绪状态的情境与其追求目的的活动紧密地联系在一起，所以它们常常具有高度的紧张性。

(1) 快　乐

快乐往往是一个人盼望或追求的目的达到后，紧张解除时的情绪体验。快乐的程度，依赖于在追求目的行动过程中的紧张水平，其可以从满意、愉快、欢乐和狂喜等不同等级来表示。当然，目的的达到和紧张解除的突然性也会影响快乐的程度。

(2) 愤　怒

愤怒往往是由于遇到了与愿望相违背或愿望不能达到，并一再地受到妨碍后，逐渐积累了紧张的情况下产生的体验。如果是由于不合理的原因或是被人故意、恶意地造成挫折时，最容易产生愤怒，并且会导致对阻挠达到目的的对象进行攻击。愤怒的程度可以从不满足、生气、愠怒、忿怒、大怒到暴怒等不同等级来表示。

(3) 恐　惧

恐惧是企图摆脱、逃避某种情境的情绪状态。快乐和愤怒的情绪都是企图接近、达到各自的目标而引起的，而引起恐惧情绪体验的关键因素往往是由于缺乏处理或摆脱可怕情境或事物的力量和能力造成的。恐惧比任何一种情绪体验更具有感染力。一个人在看到或听到处于恐惧处境中的其他人的面容和声音时，尽管他不处于这种情境，也没有任何引起他恐惧的原因，但还是常常会产生恐惧的体验。

(4) 悲 哀

悲哀是由于失去某种追求的目的或所盼望的东西所引起的情绪体验。悲哀的程度,依赖于失去了的事物的价值程度。有各种程度不同的悲哀,如遗憾、失望、难过、悲伤、哀痛,等等。悲哀所带来的紧张的释放,会产生哭泣。

在上述四种基本情绪形态的基础上,可以衍生出许多情绪形态,形成不同的情绪组合形式,在不同的社会内容中,会产生更加复杂的情绪体验,使情绪更具有丰富性和多样性。

一般来说,人总是处于某种情绪状态下的,情绪状态可以根据其产生过程的特点而区分成心境、激情和应激三种基本情绪状态。

(1) 心 境

心境是一种带有渲染作用的、比较持久而微弱的、影响人的整个精神生活的情绪状态。心境不是对某些具体事物的特定体验,它具有弥散性的特点。当一个人处于愉快的心境时,他的一切活动都会以这种同样的情绪状态来反应。引起心境的因素很多,一般来说,生活中那些对人具有重要意义的事件,如事业的成败,工作的顺利与否,以及人际关系处理得如何等,都会引起某种心境。时令节气,环境景物也是引起心境变化的原因之一。冬天风雪交加,人容易产生抑郁的心境;夏天酷暑炎热,人容易引起烦躁的心境;春天气候宜人,秋天秋高气爽,人容易产生愉快的心境。身体状况,如健康、疲劳、疾病等因素也会影响人的心境。总之,各种客观事物或现象都有可能成为影响人心境的原因。人的心境主要是受人的理想和世界观的控制和调节。

(2) 激 情

激情是一种猛烈爆发而又短暂的情绪状态。激情通常是由一个人生活中具有重大意义的事件所引起的,尤其是某些事情出乎当事人的意料时,更容易产生。激情总是伴有激烈的内部器官活动和明显的表情动作,减弱了人控制和约束自己行为的能力,即产生了所谓的激情状态下的"意识狭窄"现象。但并不是所有的激情都是消极的,也有积极的激情。积极的激情是与理智和坚强的意志相联系的,它能激励人们克服艰难险阻,攻克难关,成为完成任务、正确行动的巨大动力。

(3) 应 激

应激是出乎预料的紧张情况所引起的情绪状态。在突如其来的或非常危急的情况下,在几乎没有选择余地而采取决定以应付紧急局面的时刻,都容易发生应激状态。例如,汽车驾驶员在开车时突然出现危险情景,需要迅速判断情况,利用过去的经验,集中注意力,果断地在瞬间做出决定,此时的情绪状态就属应激。人处于应激状态时,会动员各种力量来应付危急局面,以使自己转危为安。有时应激会使人活动积极,思维敏捷,而有时则会使人不知所措,很难使自己的行动符合预定的行动目的。在应激情况下,人如何行动还取决于一个人的个性特征,如在突发情况下,需要迅速判断情况做出决定的能力,坚强的意志力以及类似情况下的经验等。

3. 情绪和情感与安全的关系

人们在劳动过程中的情绪和情感,不仅直接影响工作效率,而且还会影响人们的生理变化,与安全生产有着密切的关系。

从情绪的形式和状态来看，情绪具有明显的两极性，即积极的情绪和消极的情绪。积极的情绪又称为增力的情绪，可以提高人们的活动能力，保持和提高工作的效率。而消极的情绪则为减力情绪，它能降低人们的活动能力，分散人们的工作注意力，降低工作效率。例如，人们在愉快的情绪驱使下，能日以继夜地工作而且不出现疲劳的现象，而在悲伤情绪的驱使下，便会很快出现疲劳现象，并且很容易发生工伤事故。又如，心境是由主客观原因所引起的，良好的心境，可以使人振奋，集中注意力，能够提高工作效率、劳动的效果；不良的心境则使人对一切事物感情到厌烦、消极，并且注意力不易集中，除了影响人的身心健康外，既降低了生产和工作的能力，又容易发生事故。

为了使人们在生产劳动过程中提高工作效率、保障生产安全、经常产生积极情绪，不断克服消极情绪是非常重要的。为此，应该多注意以下几方面问题。

(1) 改善人们的工作环境

良好的工作环境可以引发人们积极的情绪。所谓工作环境，主要包括照明、温度、声音等自然条件和人际关系、心理气氛等社会环境。工作环境的好坏对于与产生何种情绪的关系极大。例如，一个人在舒适的工作场所工作，同事关系又很融洽，这样他很容易产生积极的情绪；反之，一个人在光线阴暗，温度过高、噪声很大的工作场所工作，同事之间的关系又很紧张，这种气氛就很容易产生消极的情绪。

(2) 关心职工的身体健康

健康对职工的情绪有一定的影响。一般来说，如果其他条件相似，一个身体健康的人往往比较容易产生积极的情绪，一个体弱多病的人则往往比较容易产生消极情绪。

(3) 注意每个人的特点

由于每个人的性格不同，以及经济收入、家庭条件、文化修养、道德水平等各方面都不一样，也就造成了人的情绪差异。人的喜、怒、哀、乐、惧等情绪都会引起一系列的生理变化。情绪与人的身心健康有着密切的关系。大部分疾病究其原因都和情绪有关，比较明显的有这几个方面：情绪对神经系统的影响。例如，某些人听到一个好消息而激动和彻夜难眠。情绪对神经系统造成较为严重的影响时，甚至可能使有的人患上精神疾病。情绪对消化系统的影响。根据研究，情绪波动过度、消极的情绪反复出现，是人患胃疾病的一个重要原因。情绪对心血系统的影响。紧张、恐惧和愤怒会使人诱发高血压和心脏病，狂喜也会使心脏受严重损害，观看球赛时球迷的猝死往往属于这种情况。情绪和癌症的也有密切的关系。

只有每一个人在自己的生产或生活活动中自觉行动起来，学习必需而有效的安全知识和技能，掌握基本的安全科学技术知识和方法，安全意识得以增强、安全素质得到提高、安全行为得到改善，现代社会的安全与减灾才能落到实处，使事故风险降低到最小限度，使社会稳定、文化发展、经济繁荣。

四、意志与行为安全

意志是自觉地确定目的、支配和调节行动、克服困难、实现目标的心理过程，它是意识能动性的集中表现。

人的意志是与克服困难相联系的，并在有目的的行动中表现出来。行动的意识性愈清楚，目的性愈明确，在行动过程中克服的困难愈多、愈大，则愈能表现出坚强的意志。所以我们把那种有目的地克服困难的行动称为意志行动。

1. 意志的基本特征

一般来说，意志有三个基本特征：

(1) 明确的目的性

离开了自觉性的目的就谈不上意志。冲动的行为，盲目的行为，都是意志薄弱的表现。意志的水平以目的的水平为转移，意志对行动的调节主要表现在能发动符合目的的某些行动，抑制与目的相矛盾的愿望和行动，即表现为"有所为"而又"有所不为"。一个意志坚强的人，工作目的明确后，意志就能激励他采取达到目的所必需的行动，又能制止他不符合目的的行动。所以，衡量一个人的行动是不是意志行动，首先要看他的行动是不是有明确的目的。

(2) 与克服困难相联系

意志行动是有目的的行动，而且目的的确定与实现，通常会遇到种种困难。因此，克服困难的过程也就是意志的表现过程。如一个工人在其操作过程中形成了不利于安全生产的习惯，诸如不戴护目镜、工作时喜欢与人讲话、机器运转时喜欢清扫加工残屑或调整机器等。要想克服这些习惯，除了明确工作的目的性以外，用意志行为克服困难，排除这些不符合安全生产的目的的行为也是很重要的。因此，意志的坚强程度是以克服困难的程度为标志的，人在行动中克服的困难愈多、愈大，表现出来的意志也就愈坚强。

(3) 以有意动作为基础

人的行动不管如何复杂多样，都是由许多简单的动作构成的。人的一切动作可分为无意动作和有意动作两大类：无意动作是指那些无条件反射活动，如眨眼、打喷嚏、手被刺痛马上缩回等，都属于无意动作；有意动作是指在生活实践中学会了的动作，它们是有目的、有意识的，既是意志行动最简单的表现，又是一切复杂的意志行动的基础和必要的组成部分。人只有掌握了一系列的有意志动作，才有可能根据目的去组织、支配、调节，组成复杂的意志行动，实现一定的目的。例如，某车工为达到保质保量完成生产任务的目的，需要意志努力，克服困难。而这种意志行动就必须在操作机床中会看、会听、会做等一系列的有意动作为基础，没有这些有意动作的参与，意志行动就无法实现，目的也不能达到。

2. 良好意志品质的特征

良好的意志品质有如下特征：

(1) 意志的自觉性

自觉性是指对行动的目的意义有深刻的认识，并确信自己行动的正确性和必要性，为实现预定的目的而进行的努力。在生产中要取得效益，就必须在"安全第一"的前提下确保质量和产量，这就是生产的目的。具有意志自觉性的人，总是以这一目的为指导，不做与目的相违背的事(如马虎工作、粗枝大叶、违章违纪等)，会自觉地将有碍于目的实现的行动克服掉，这就是意志自觉性的表现。

(2) 意志的果断性

果断性是指善于迅速地辨明情况，正确地做出决定，并立即付诸行动的品质。在一定目的的的指导下，在发生意外情况时，诸如正常的机器突然发生异样的声响，生产工作场所突然嗅到异样的气味，能当机立断，果断地采取行动。与果断相对立的是优柔寡断和冒失，冒失者对事物不做周密地思考，草率从事。

(3) 意志的坚韧性

坚韧性是坚持不懈地克服一切困难，实现目的的意志品质。它不仅表现为能坚持决心，而且具有顽强的奋斗精神，不因失败而气馁。与坚韧性相反的则是意志的动摇性，具有意志动摇性的人，做事往往虎头蛇尾，半途而废，不能正确地评估自己。

(4) 意志的自制力

自制力是一种善于控制自己的能力。表现在动机斗争时，能努力控制自己，克服内心障碍，做出正确的决定。表现在行动过程中就是能善于控制自己的消极情绪或冲动行为，促使自己去执行决定。如一个汽车驾驶员在安全生产中遭遇到了不幸，这时他努力控制消极情绪对自己的干扰，全神贯注地把握着方向盘，其中很重要的一条因素就是自制力的意志品质在起作用。缺乏自制力的人，根本谈不上有什么坚强的意志。有了自制力，就能排除一切干扰，对任何打击都能够用意志的自制力去克服。与自制力相对立的是任性，不加任何约束，感情用事，这是意志薄弱的表现。

综上所述，意志行为品质的培养，对安全生产起着积极的作用。从某种意义上讲，如果要确保生产的安全，就不能忽视对意志行为的培养。

第三节　安全观念和安全责任分析

一、人的安全观念评析

1. “安全第一”的哲学观

安全与生产存在于一个矛盾的统一体中，安全伴随生产而产生和存在，没有生产就没有安全问题，但是没有安全的保证，生产就难以顺利进行。安全与生产的关系是相互促进、相互制约、相辅相成的关系，即生产是企业的目标，安全是生产的前提，生产必须安全。“安全第一”体现了人们对安全生产的一种理性认识，这种理性认识包含两个层面：

(1) 生命观

它体现了人们对安全生产的价值取向，也体现出了人们对人类自我生命的价值观。人的生命是至高无上的，每个人的生命只有一次，要珍惜生命、爱护生命、保护生命。事故意味着对生命的摧残与毁灭，因此，在生产和生活中，应把保护生命安全放在第一位。

(2) 协调观

即生产与安全的协调观。任何一个系统的有效运行，其前提都是该系统处于正常状态。因此，“正常”是基础，是前提。从生产系统来说，保证系统正常就是保证系统安全。安全就是保证生产系统有效运转的基础条件和前提条件。如果基础和前提条件得不到保证，没有安全的保障，就谈不上有效运转，生产就不能正常进行。

安全与生产是一个矛盾的统一体，处理得当则两者相得益彰，处理不当则两败俱伤。社会主义企业生产的目标，在于社会效益、以人为本，而不能只追求经济效益而不顾社会效益。因此，当生产与安全发生矛盾时，应首先解决安全问题，只有正确地处理好安全与生产的关系，落实好各项安全制度，才能保证安全生产，这就是“安全第一”，这是我国社会主义性质所决定的。只有企业决策者都充分意识到安全生产对人、对企业、对社会的极端重要性，在思想上高度重视安全工作，树立“安全为天”的思想，时时刻刻把安全和人的生命与健康、企业的效益和社会的责任联系在一起，才能通过社会全员的主动、积极参与减少事故的发生，减少人员伤亡和财产损失。

“安全第一”的哲学观要求我们把安全工作放在一切工作的首位，在组织机构上，安全工作部门的权威要大于其他部门，要落实好“安全一票否决权”；在工作安排上，安全工作要主宰一切工作的始终，并以安全为中心安排、部署工作。在资金管理中确保安全设施和设备的资金投入，切实的把安全工作作为企业一切工作的基础，正确地处理好安全与生产、安全与效益、安全与稳定的关系，才能做好企业的安全工作。

2. 珍惜生命的情感观

“人的生命只有一次”，这充分说明了人的生命和健康的价值。强化“善待生命、珍惜健康”的人之常情是我们每个人都应该有的情感观，不仅要爱自己的生命，而且要爱别人的生命。用“爱人、爱已”，“有德、无违章”来教育珍惜生命，用“三不伤害”保护生命，用“热情教育、盛情关怀、严格管理”增强生命活力，要有“违章指挥就是谋杀、违章作业就是自杀”的责任感。广施仁爱，尊重人权，保护人的安全和健康的宗旨是安全的出发点，也是安全的归宿，更是安全伦理的体现。

3. 合理安全的风险观

风险无处不在，风险事件普遍存在于我们生活的世界当中，人类和自然界无时无刻不面临着风险损失的威胁。大量意外事故造成财产损失和人身伤亡，各种各样的自然灾害频繁发生，给人们带来巨大的损失。树立合理安全的风险观，时时处处注意安全，就可以以最小的成本保证风险主体处于安全的情境下。

4. 安全生产的效益观

就宏观而言，安全与效益在本质上是统一的，是互相依从、相互促进的关系。安全是经济发展的前提，安全是不能用经济效益来弥补的，它是我们对自己、对他人的责任。现代安全经济学的“三角形理论”认为：经济是三角形的两条边，安全是一条底边，没有底边，这个三角形是不能成立的，底边不牢固，三角形就会受到破坏。可见，安全是经济发展的前提，没有安全就没有效益。

就微观而言，安全生产与经济效益是对立统一的关系。两者既相互矛盾，又辩证统一，解决这对矛盾的关键是如何找出两者之间的平衡点。确保员工的生命安全、身体健康、财产不受损失甚至对社会不造成任何危害，这是每个企业的责任；同时确保资产的保值增值和员工的切身利益，这既是责任的体现，也是每一个企业的根本目的。安全生产可以促进企业的良性发展，为企业创造良好的生产环境；安全生产可以避免和减少事故造成的各项损失，增进潜在效益。安全是效益的重要组成部分，也是实现效益的重要手段，没有安全，企业很难维持正常运转，没有安全内涵的效益是缺陷效益，必然无法实现最优效益。企业生产的目的就是用最少的劳动消耗生产最多的符合社会需要的劳动产品，即企业生产的目的就是在生产产品的同时，获取一定的经济效益。没有效益，安全也就失去了存在的价值。

一个企业安全生产搞得如何，必然会影响企业的效益。只有实现安全生产，才能减少事故带来的经济、信誉损失和由此产生的负面效应，员工才有安全感，才能增强企业的凝聚力，提高企业的信誉，才可以获得经济效益和社会效益。因此，一定要建立安全就是效益的观念，从抓企业效益的角度抓好安全工作，摆正安全与生产的关系、安全与效益的关系。

由此可见，只有安全的整体水平得到提高，才能保证经济效益持续发展和提高。

5. 综合效益的价值观

效益包括经济效益和社会效益。经济效益指个人所得到的利益或比较显而易见的效益，社会效益指给社会带来的效益或长远的不容易被评估的社会效益。

安全投入包括两个方面：一是直接用于解决物的不安全因素（事故隐患），以改善劳动环境和条件为主，提高物质安全化的资金投入。二是用于加强安全生产管理，解决以人的问题为主的人力资源、人员素质的投入。如开展各种安全知识竞赛、安全活动、安全教育、安全培训的投入，职工防护用品与保健、安全技术攻关等投入皆构成了企业的安全投入、投资。

对于安全投入，很多人认为，安全投资的效益是摸不着、看不见的，是一种只投入不产出的亏本买卖，增加安全投入就意味着增加企业成本，减少收入和利润。其实这种看法是片面的，这是因为安全投资所反映的经济效益有它独有的特征，未能被人认识。它不同于一般生产经营性的投资，所产生的效益并不像普通的投资那样直接反映在产品数量的增加和质量的改进上，而是渗透在生产经营活动过程和成果中。究其本质，安全投入应算是一种特殊的投资。安全投入的直接结果不但提高了企业安全管理的水平，解决了不安全因素，不发生或减少事故发生和职业病，而且能保证生产经营活动正常运行，使得生产经营性投入不受到损失，实现产品质量、产量的提高，节约材料，降低成本。而这个结果是企业持续生产、保证正常效益取得的必要条件。从经济的角度看，如果安全生产工作做好了，企业效益就有保证，人们的生活和生产秩序也才有保障，从而就可以发挥极大的社会效益。实践表明，安全投入不仅仅给企业带来的是间接的回报，而且能产生直接的经济效益。增加安全投入可以降低事故成本、误工成本和补充雇员成本，可以提高员工的生产量。如果摆不正两者间的关系，一旦企业发生事故，不但会危及个人的生命安全，而且会给企业造成财产损失、停产损失、经济赔偿等一系列重大的经济损失，同时还要花费一定的人力、物力、财力去处理。另外还会造成员工情绪波动、人心不稳，危机企业的正常生产，造成恶劣的社会影响等，间接损失不可估量。一个好的管理者，要进一步加强对安全工作的认识，增强经济意识，把花在安全生产上的钱，即避免损失的投入看成是一种投资，而不是一项开支，只是它的产出是间接地反映出来的。

所以，我们要树立综合效益的价值观，不要只重视经济效益。

6. 人机环境的系统观

现代工业生产中力求人—机器—环境系统协调，确保人—机器—环境系统的可靠运作是企业管理的重要内容。三者只有正常地相互作用才能使生产得以顺利进行。在企业生产中，人是主体，具有能动的创造力，而机器、环境为人所驾驭或改造。人们对于机器的操作和对环境的适应也不是与生俱来的，需经过大量的、长期的培训和练习。况且现代工业生产是集体劳动，在作业过程中的协调配合也是至关重要的。

认识人—机器—环境三者之间相互协调、适应和匹配这个关系的重要性，对于我们改造和实施安全工程、改变硬件设施、加强管理手段、提高软件水平具有重要的现实意义。

7. 本质安全的科学观

本质安全是指实现了人的本质安全、机（设备系统）和环境的本质安全。人的本质安全指不但要要解决人的知识、技能、意识素质，还要从人的观念、伦理、情感、态度、认知、品德等人文素质入手。物和环境的本质安全就是要采用先进的安全科学技术，推广自组织、自适应、自动控制与闭锁的安全技术。树立本质安全的科学观，从本质上实现安全，把事故降低到最低甚至实现零事故，使发生事故成为偶然，不发生事故成为必然。通过追求人、机器和环境的安全和谐统一，最终实现管理无漏洞、设备无故障、系统无缺陷、人员无“三违”、安全无事故的恒久性安全目标。

二、安全责任体系

建立以行政一把手为安全第一责任人的安全责任体系，各方面、各层次人员落实责任，建立起横向到边、纵向到底、高效运作、队伍思想业务文化素质高的安全管理网络。

安全责任是安全生产的灵魂。安全生产责任制是安全生产制度体系中最基础、最重要的制度。安全责任制的实质是“安全生产，人人有责”。在安全责任体系中，生产经营单位负首要责任，它是安全生产的责任主体，安全生产责任制的核心就是要明确经营者的责任，强调法人代表、企业“一把手”是安全生产的第一责任人。第一责任人要切实负起职责，要制定和完善企业安全生产方针和制度，层层落实安全生产责任制，治理安全生产重大隐患，保障安全生产的投入，制定企业的安全生产发展规划和保证新项目的安全生产“三同时”。各级政府是安全生产的监督主体，要切实落实地方政府、行业主管部门及出资人机构的监管责任。各级政府负有安全生产的监督管理责任，各级专业性的安全生产监督、监察部门，承担着科学界定的安全生产监管职能，这就要求第一个安全生产监察、监督人员，要依法履行监管职责。

建立和完善安全生产责任体系，不仅要强化行政责任问责制，严格执行安全生产行政责任追究制度，还要依法追究安全事故罪的刑事责任，并随着市场经济体制的完善，强化和提高民事责任或经济责任的追究力度。一个政府领导有了责任心，就能科学地处理安全和经济发展的关系，使地区社会发展与安全生产协调共进；一个经营者有了责任心，就能保证安全投入，落实安全措施，有了安全措施，事故预防和安全生产的目标就能够实现；一个员工有了责任心，就能遵章守纪，执行安全作业程序，有了安全行为，事故就不会发生，生命安全就有了保障。因此，建立安全生产责任制，科学地进行安全生产监管，是实现生产经营单位安全生产的有效法宝。

本章小结

本章主要从安全意识、安全观念、安全责任三方面分析了人的安全素质。在学习的过程中,要深入理解安全素质的内涵,为提高人的安全素质打下基础。

自我小结

____

____

____

____

____

自测题

1. 人的安全素质有哪些?
2. 提高安全素质的手段有哪些?
3. 什么是安全意识,安全意识的内涵?
4. 人的心理过程活动有哪些,分别包括哪些内容,它们之间的关系是什么?
5. 感觉的种类有哪些?
6. 记忆过程的基本环节是什么?
7. 什么是意志?
8. 安全观念的内涵是什么?

自测题参考答案

1. 人的安全素质分为两个层次:一是人的基本安全素质,包括:安全知识、安全技能、安全意识;二是人的深层安全素质,包括:情感、认知、伦理、道德、良心、意志、安全观念、安全态度等。

2. 提高人的安全素质的手段主要有以下几种:

(1) 监督管理:安全责任制、检查、激励、处罚等;

(2) 教育手段:课堂听课、视频教学等;

(3) 培训手段:训练、参观、实习等;

(4) 科学普及:科学报告、现场示范等;

(5) 宣传手段:文学艺术、寓教于乐的活动等。

3. 人的安全意识是人所处时空安全感的定位和认知,它包括:善待生命、珍惜生命的人本意识;事故严重、灾害频繁的风险意识;预防为主、防范在先的超前意识;行为规范、技术优先的科学意识;每时每刻、每处每地注意安全的警觉意识。

4. 人的心理有认识、情感和意志三个方面的心理活动过程。在这三种心理过程中,最基本的是认识过程。它包括感觉和知觉,记忆和思维。认识、情感和意志三种心理过程,它们虽然彼此区别,但又是统一的心理活动的三个不同方面。情感,意志随认识而产生,又影响人的认识活动。同时,也必然影响人们在劳动过程中的安全意识。

5. 感觉的种类有视觉、听觉、味觉、嗅觉、动觉等。

6. 识记、保持、再认或回忆是记忆过程的三个基本环节。

7. 意志是自觉地确定目的、支配和调节行动、克服困难、实现目标的心理过程，它是意识能动性的集中表现。

8. 安全第一的哲学观；珍惜生命的情感观；合理安全的风险观；安全生产的效益观；综合效益的价值观；人机环境的系统观；本质安全的科学观。

第七章　行为激励与控制

本章知识框架结构图

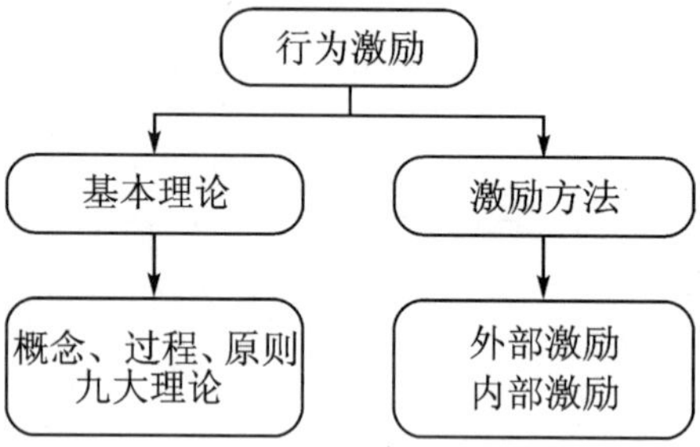

知识导引

人的行为的动因是人的需要，因此对人的行为的激励，就是通过创造外部条件来满足人的需要的过程。本章结合领导理论、行为激励理论的相关知识，研究行为激励的过程及方法，进而实现对其行为的控制和调整。

本章的学习重点及难点

重　点：领导理论、人的行为激励理论和方法。

难　点：了解影响领导决策行为的因素、行为激励的过程以及行为激励的方法，并将激励理论应用到现代企业的安全管理中。

核心概念：领导、领导理论、行为激励、行为激励理论、外部激励、内部激励。

本章需要思考的问题

通过本章的学习，需要思考如下问题：

1. 领导的功能是什么。一个领导应当具备的素质。
2. 影响领导决策的因素有哪些。
3. 什么是行为激励以及它产生的过程。
4. 如何将行为激励的理论应用到安全管理中。

相关的阅读材料

学习阅读行为科学、组织行为学、管理学等相关资料。

本章学习目标

本章的学习目标是：

◇ 了解领导者的功能及应当具备的素质，掌握典型的领导理论及如何提高领导的决策能力；

◇ 了解行为激励的产生过程以及典型的激励理论，掌握行为激励的方法。

教学活动建议

搜集行为激励相关资料，结合读者实际情况，组织讨论学习。

第一节 领导理论

行为科学认为，领导是影响个人或团体，在一定条件下实现团体目标而自觉行动的过程。在这一过程中，发生影响力的人就是领导者。实现安全生产是一个企业的团体目标，在实现这一目标的过程中，需要有人对这一过程施加安全行为导向的影响力，这样的人就是安全生产的领导者。从另一角度讲，一个企业和生产基层的领导者应是能够对实现安全生产有影响力的人。

一、领导的概念

领导的概念因时间和研究学科不同而有所区别，很难下一个确切的定义。社会学认为，领导是提供一种便利的活动。心理学认为，领导的主要作用是建立有效的激励制度。社会心理学认为，领导是一种形式，是对下属进行指挥和控制。管理心理学把领导定义为：影响个人或组织在一定条件下实现某一目标的行为过程。致力于实现这一过程的人就是领导人、领导者，致力于实现这一过程的行为就是领导行为。安全行为科学是建立在管理心理学基础上的，所以可以用管理心理学的领导定义，即领导是指影响个人或组织在一定条件下安全实现某一目标的行为过程。

上述的领导定义包含四层意思：一是“影响个人或组织”，是指领导就是一个人或数人对他人或组织施加影响力，改变他人或组织的思想、心理和行为；二是“在一定条件下”，是指组织的外部条件和内部条件，如安全生产方法和劳动保护的物质条件等方面，没有这些条件，无法领导；三是“安全实现某一目标”，是指组织活动的目标即领导组织活动的领导人的目标，没有目标的组织活动和领导行为是盲目的，无意义的，在实现目标过程中必须做到生产安全；四是“行为过程”，是指领导既是一种行为，又是一个过程，它是动态的，处在不断的发展变化之中。从安全角度来说，要有安全管理的一系列的组织领导工作。以上的四层意思是联系的，构成了领导定义的完整性。

领导，是由领导者、被领导者和组织环境三个因素组成的复合函数。领导函数：领导 $=f$（领导者，被领导者，组织环境）。领导者是指领导班子及其成员的素质，包括政治、年龄、身体、知识和心理素质等。被领导者是指被领导人员的素质。组织环境是指组织的外部环境条件。三个因素中，领导者是主要的决定因素。所以，领导班子及其成员的素质好坏、水平高低，对于领导绩效具有重要意义，决不可轻视。安全领导具有以下三个方面的意义：

① 领导是保障现代社会大生产安全的客观要求。现代化生产、分工精细、协作复杂、流水作业、关系密切，任何一个环节不协调就会影响整个生产过程的进行，就有可能发生事故。安全工作的管理，不只是主管安全工作的厂长、专职安技人员等领导人的事情，而是整个企业所有领导人员的职责。所以，实行对企业各级各类人员以及安全工作和各种活动的领导，是由安全生产的要求和现代化生产的特点所决定的。

② 领导与被领导的人员素质水平是保障安全生产的根本。领导的素质水平可以决定企业各方面工作的水平，影响被领导者的素质水平。在现实生活中有许多这样的事例，领导班子及其成员的素质高，就能团结协作，使原来素质水平低的职工不断得到提高。从安全管理方面来说，可以使职工提高对安全生产重要性的认识，提高生产的操作技术，提高安全意识和技术

水平，从而确保生产安全的进行。

③ 优秀的企业领导者是搞好企业安全生产的关键。一般来说，优秀的企业领导者能深刻地认识和妥善处理安全与生产的关系，切实做到生产必须安全，安全为了生产。在做企业生产经营决定的同时，就对安全技术措施进行研究和决策，将生产目标和安全保障条件结合起来进行决策，从开始研究生产就贯彻劳动保护措施，因此，就能自始至终实现安全生产。

二、领导者的能力及素质

1. 领导的功能

关于领导的功能问题，说法很多，就安全管理方面来说，归结起来主要是组织功能和激励功能。领导者实现组织功能与激励功能的全过程称为领导行为。

(1) 组织功能

实现企业目标是领导的最终目的。从生产必须安全的角度出发，领导就必须做到：积极贯彻执行安全生产方针，树立"生产必须安全、安全促进生产"的辩证统一思想，切实保护劳动者的安全健康。根据企业的内、外部条件，在制定企业的目标与决策的同时，编制劳动保护措施计划。编制计划应抓住生产上的关键问题，措施计划应该着力解决对职工安全健康威胁最大，而群众又迫切要求解决的问题。建立科学的安全生产管理系统。厂矿企业是具体贯彻安全生产方针、实现各项劳动保护政策的基层单位。有关保护劳动者在生产中安全健康的一切政策法令和措施，都要经过厂矿企业领导的实施。安全管理机构，应采用专业管理和兼职管理相结合的形式。在兼职管理方面，厂矿有分管安全的厂长，各车间有兼职安全的车间主任或科长，班组里有小组安全员；在专业管理方面，设置安全技术科室，配备安全专业人员，并明确规定各级机构及人员的安全职责和任务。

(2) 激励功能

激励功能是领导的主要功能。一个领导者如果缺乏一定的技术知识和能力，只要他充分发挥激励功能的作用，将职工的积极性调动起来，并组织和借助他人的知识和能力，来弥补自己的不足，就可实现领导的组织功能。但是，如果领导者不能很好地发挥激励功能，那么即使目标再好，组织再合理，管理再科学，也难以安全实现企业的生产目标。因此，在安全管理方面，必须要重视对激励功能的研究和运用。

激励功能主要包括三个方面：

一是提高被领导者接受和执行安全制度的自觉程度，有的情况下，个体对安全的认识和组织对安全的要求都不是完全统一的。如果这两者的统一程度较低，甚至发生矛盾，那么个体就会对组织的要求不予重视，甚至认为是多此一举，因此在贯彻执行安全制度方面自觉程度就不会高。相反，如果职工的认识和组织的要求比较统一，领导能从各个方面为被领导者创造有利于提高行为效率的物质环境和心理气氛，例如，良好的工作环境、性能良好的机器设备和各种安全装置等，以及增强安全意识、掌握必要的安全技术和知识等，那么个体在贯彻执行安全制度方面自觉程度就会提高。

二是激发被领导者实现"安全生产"的热情。领导者给予被领导者以热情的心理影响有很大的作用。在企业内部，领导者与被领导者是人与人关系的一种表现形式，这两者不仅存在着组织上的隶属关系，也存在着相互影响的问题。在一般情况下，在相互影响中，领导者往往占有主导地位。满足被领导者的各种安全生产的劳动保护的需要，例如，包括安全装置和劳动保护用品等物质需要，安全技术及安全知识等精神需要，是激发被领导者实现安全要求和组织目标的关键因素。在安全管理上，一个领导者如果不能激励职工的热情，那么他的领导成效也就不会太大。

三是提高领导者的行为效率。被领导者的行为效率是指为实现企业目标和安全生产要求所做贡献的大小，这是鉴定领导优秀与否的直接依据。被领导者的自救行为与基本结构，即技能、知识、企业内部人与人的关系、规章制度、管理方式以及所从事的工作，与其在企业中所处的地位等有一定的关系。

2. 领导的素质

(1) 必须有一定的影响力

这种影响力来源于以下几方面：

法定权。领导者在团体中的权力、职务和地位，是形成其影响力的主要方面。

奖惩权。领导者有权运用奖励和惩罚的手段来影响被领导者。

专家权。领导者应具有专门的知识、技术，并以此来影响被领导者。

个性因素。指领导者的某些个人特征，比如特殊的才能、高尚的品德、较高的修养和个人身体特征等，被下级所喜欢，从而对下级产生影响。

(2) 应具备的素质

① 能正确地进行自我认识。领导者应有自知之明，能认识到自己的长处和短处，了解自己的能力、气质、性格、态度及价值观，还应了解自己在下级心目中的印象、形象，以便正确把握自己，提高在群众中的威信。

② 要有坚定的自信心，即要大胆领导、信心坚定、敢于决断，这样才能鼓舞士气，激励下级。

③ 要有沟通思想的能力，即能在思想和感情上与下级打成 片，团结多数成员，有效地改变下级对问题的认知态度。

④ 要掌握必要的专业知识和技术。

(3) 应能激发下级的积极性和创造性

应注意做好以下几方面的工作：

① 创造具有竞赛性和挑战性的工作环境。

② 制定明确的奋斗目标。

③ 及时对被领导者给予评价。

④ 奖赏公开、合理。

⑤ 创造民主气氛。

⑥ 实现不同气质和专业的人员混合工作，发挥群体效应。

⑦ 工作内容丰富化。

⑧ 吸收下级参与决策。

⑨ 创造开放性的团体结构。

⑩ 不强求顺从。

三、几种典型的领导理论

行为科学在研究人的领导行为规律的基础上，提出了以下几种领导理论。

1. 特性理论

特性理论是根据个人特征来确定领导者的理论。现代特性理论认为，一个领导者应具备十项条件：能与人共事，具有合作精神；能掌握信息，有决策能力；善于组织人力、物力、财力；具有组织能力，既能掌握全局抓大事，集中权力，又能发动下级，分权与授权；能视客观情况做权宜变通；勇于革新，不墨守成规；对上、下级和社会有高度责任心，勇于负责；敢于承担风险；尊重他人，不武断；品德高尚，受人尊敬。

2. 作风理论

是研究领导者的工作作风对被领导者的影响及其与工作效率的关系的理论。目的在于寻找能调动下级积极性、产生高工作效率的最佳领导作风。研究表明，领导作风一般有三种类型：专制作风；民主作风；放任自流作风。实际中属于极端领导作风类型的人是较少的，多数是处于三者之间的混合型。在这三种作风中，一般认为实行民主作风不仅工作效率高，而且团体成员士气高，工作主动，富有创造性。

3. 行为理论

是研究领导行为对被领导者的影响及其与工作效率关系的理论。这种理论研究表明：协商民主型、参与民主型，以及严格管理、关心下级相结合的领导行为方式，能调动职工的积极性和创造性，提高团体的工作效率。

4. 权变理论

综合了特性理论、作风理论和行为理论的特点，既考虑领导本人的品质、才能等个性因素，又考虑领导者所处的具体环境、领导对象和领导工作的具体条件等外在因素，提出各种领导行为应权衡的情况，并随机应变。

5. 领导方框图(见图 7 - 1)

由 O 到 A 领导中，越来越重视人的因素；由 O 到 B 领导中越来越重视专业素质。很明显，在 A 点领导中，主要考虑的是人的因素，这种领导方式称为俱乐部型领导；在 B 点领导中，主要考虑的是专业素质，这种领导方式称为任务型领导；而在 C 点领导中，对于人的因素和专业素质都非常注重，是上面两种领导类型的综合，即为综合型领导；在 D 点领导中，人的因素和专业素质都同等注重，即为中庸型领导。应该根据不同的生产方式、工作场所、领导人群去选择不同的领导方式。

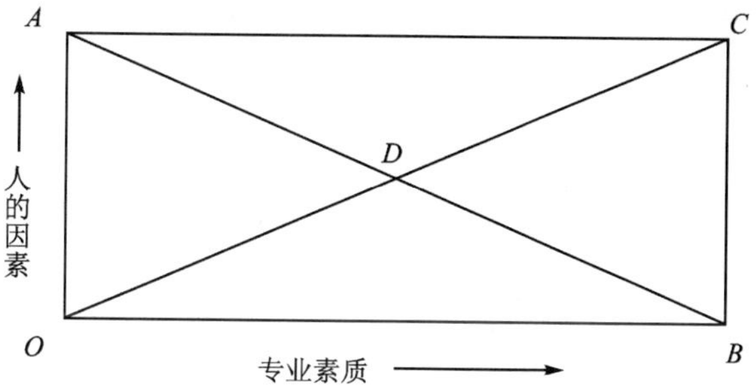

图 7－1　领导方框图

6. 情境领导模式

根据领导中支持性行为和指导性行为所占的比重可分为四种类型(见图 7－2)：

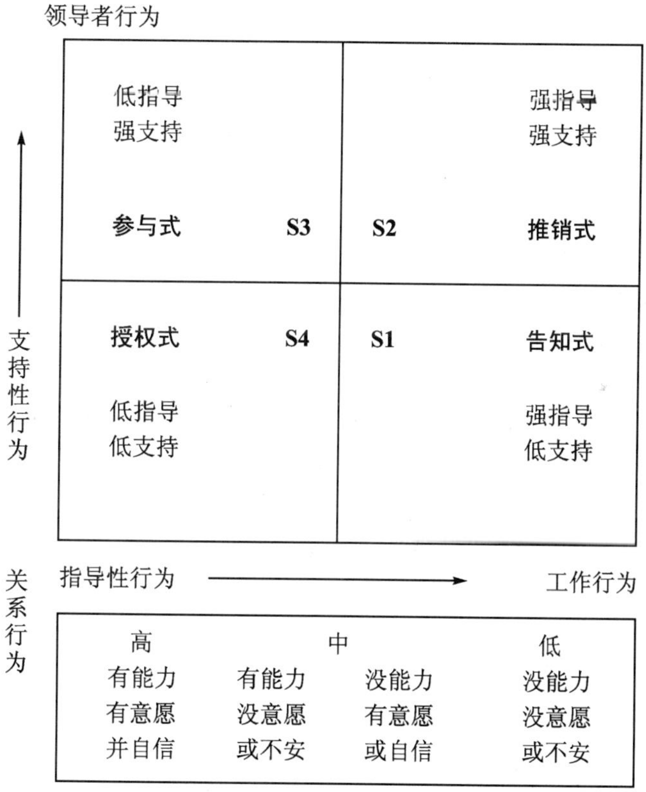

图 7－2　情境领导模式

S1 告知式：领导者主导

特点是：告知、指导、指示、建立——适用于低准备度水平被领导者。

S2 推销式：领导者主导

特点是：推销、解释、澄清、说服——适用于适中低准备度水平被领导者。

S3 参与式:被领导者主导

特点是:参与、鼓励、合作、承诺——适用于中高准备度水平被领导者。

S4 授权式:被领导者主导

特点是:授权、观察、监督、实践——适用于较高准备度水平被领导者。

四、领导者的决策行为

领导者经过研究和思考,从几种方案、几种计划、几种意见或几种安排中,选择出一种最合适的方案、计划、意见、安排的过程就是决策。一般决策过程包括如下三个步骤:确定问题,提出决策目标——寻求可能的行动方案——从各种可能的方案中选择最恰当的方案。

影响决策的因素有三个方面:

第一,情境因素。主要指决策的相对重要性和决策的时间压力。

第二,环境因素。包括四类:确定的环境、风险的环境、冲突的环境和不确定的环境。领导者处于不同的决策环境,应采取不同的决策态度和方法。

第三,人的因素。决策过程中人的因素包括两个方面,一是决策者个人因素,二是群体因素。个人因素主要指决策者对决策所采取的态度,一般分为理智型决策者、半理智半情感型决策者和直觉情感型决策者。

提高决策者的有效性,主要取决于决策质量和认可水平。前者指决策本身是否有科学依据,是否符合科学程序和客观实际,后者指决策是否能被下级所接受、理解、容纳和执行。决策质量高,并能为下级充分地接受,决策的有效性就大。

一个领导者应具备的决策素质有:掌握决策理论,有获取信息的能力,有良好的决策心理品质。

一个企业的领导,无论是管生产还是管安全,都需要提高领导水平和决策能力,因此需掌握领导行为的科学知识。

第二节　行为激励理论

一、行为激励的基本概念

行为科学认为,激励就是激发人的动机,引发人的行为。人受激励是一种内部的心理状态,看不见,听不到,摸不着,只能从人的行为去加以判断。人的行为的动因是人的需要,因此对人的行为的激励,就是通过创造外部条件来满足人的需要的过程。激励是目的,创造外部条件是激励的手段。

奖励是在管理中普遍采用的激励手段。美国行为学家麦格雷戈把奖励分为“外予的奖励”与“内滋的奖励”。“外予的奖励”是通过外部推动力来引发人的行为。最常见的是金钱诱因。此外还有提高福利待遇、职务升迁、表扬、信任等手段。“内滋的奖励”是通过人的内部力量来激发人的行为。“内滋的奖励”的种类很多,如学习新知识、获得自由、自我尊重、发挥智力潜能、解决疑难问题、实现自己的抱负,等等。这些奖励不是由外部给予的,而是自己给自己的奖励。人在进行自我奖赏后,内心会产生更大的满足感。例如,一个学生经过苦思冥想解答了一道难题以后，内心会产生愉快的感觉；有的科学家有了新的科学发现以后，会激动得几夜睡不着觉。“外予的奖励”和“内滋的奖励”虽然都能激励人的行为，但后者具有更持久的推动力。前者虽然能激发人的行为，但在很多情况下并不是建立在自觉自愿的基础上的；后者对人的行为的激发则完全建立在自觉自愿的基础上，它能使人对自己的行为进行自我指导、自我监督和自我控制。从管理的意义上说，两者都是需要的。从领导者来说，应该积极创造条件使人的内部需要得到满足，并通过思想教育使人树立远大理想，有事业心和进取心，有较高的抱负，以便在工作中不断地进行自我激励。

二、行为激励的过程

从激励的含义中我们不难看出，激励是从个人需要出发的，需要指的是产生于人体内部希望某种特定结果发生的生理和心理状态。当需要产生而未得到满足时，会引起生理或心理紧张，从而激发寻求满足的动机。动机是一种信念和期望，一种行动的意图和驱动力，它推动人们为满足一定的需要而采取某种行动，表现出某种行为。在动机的驱使下，采取行动，行动的结果达到预定目标，使需要得到满足，紧张消除；如果需要尚未得到满足，将导致新的激励过程的开始，如图 7－3 所示。

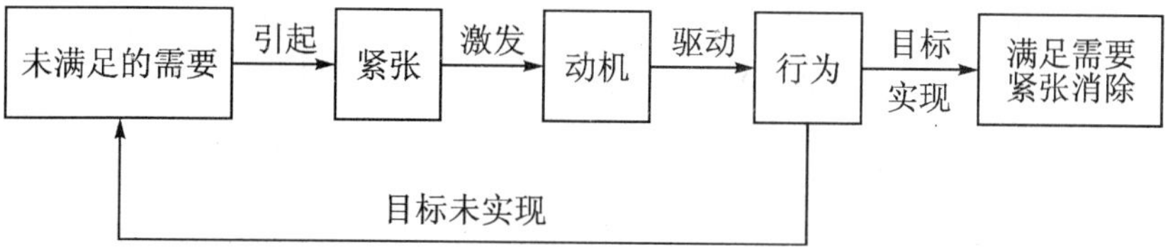

图 7－3　激励过程图

可见，激励实质上是以未满足的需要为基础，利用各种目标诱因激发动机，驱动和诱导行为，促进实现目标，满足需要的连续的心理和行为的过程。

三、行为激励的主要原则

1. 组织目标与个人目标相结合的原则

企业必须将安全生产目标的设置与满足员工个人的需要相结合，才会对员工产生吸引力，才能收到良好的激励效果。

2. 物质激励与精神激励相结合的原则

物质激励是基础，精神激励是根本，企业应将物质激励与精神激励结合起来，适时地应用多种形式的奖励方法，以丰富激励的内容，满足员工的合理需要，使其处于最佳激励状态，从而取得充分调动员工积极性、主动性和创造性的效果。

3. 正激励与负激励相结合的原则

所谓正激励（正强化）就是对员工符合安全生产目标期望的行为进行奖励，以使得这种行为经常地出现，即员工的积极性更高涨；所谓负激励（负强化）就是对员工违背安全生产目标的非期望的行为（例如串岗、习惯性违章）进行惩罚，以使得这种行为不再发生，即犯错误的人员弃恶从善，积极性向正确方向转移。目前，多数企业对安全管理工作采取的是负激励，即违章罚款，虽然有激励效果，但效果不佳。所以企业应多考虑运用正激励，一方面可以根据各级安全责任制，对完成情况好的集体和个人进行有一定力度的物质和精神奖励；另一方面，可以从管理层到基层都有代表性地评选安全标兵，满足个人的荣誉感，体现“全方位”管理。

4. 民主公正公平原则

激励必须赏罚严明，铁面无私，不论亲疏，一视同仁；赏罚要适度，赏与功相匹配，罚与罪相对应。因为人的工作动机不仅受所得到的绝对收入的影响，而且受相对收入的影响，应重视“比较效应”的意义及作用，否则会挫伤人的积极性，引起习惯性违章等不安全行为发生。

四、行为激励的理论

激励理论首先是通过激励人的动机，从而引发人的行为。人受到激励是一种内部的心理活动状态，这种心理活动状态从外表上看不见，也听不到、摸不着，只能从人的行为方式和状态来加以判断。人的一切行为的动因是人的需要，因此，要对人的行为进行激励，就要创造外部条件来满足人的需要，进而实现对其行为的控制和调整。激励就是创造这种外部条件的方法，行为科学目前提出了以下的激励理论。

1. X－Y 理论——人性假说理论

不同的管理学家对人性提出了许多假设（假说），其中有代表性的主要有四种，即“经济人”、“社会人”、“自我实现人”和“复杂人”假说。这四种假说代表了西方管理界对于人性看法的发展历程。

(1) “经济人”假说与安全管理

这种假说起源于亚当·斯密关于劳动交换的经济理论，在 19 世纪末到 20 世纪 20 年代十分流行。“经济人”的假说认为人的行为产生于追求本身最大利益的需要，工作的动机是为获得经济报酬。美国工业心理学家麦格雷戈在他的《企业的人性》一书中，将这种人性假设概括为 X 理论。

X 理论的基本观点：

① 多数人天生是懒惰的，都尽可能逃避工作。

② 多数人都没有什么雄心壮志，也不喜欢承担什么责任，宁愿受别人领导和指挥。

③ 多数人的个人目标和组织目标是相矛盾的，必须用强制惩罚的办法，才能迫使他们为达到组织的目标而工作。

④ 多数人都是缺乏理智的，不能克制自己，很容易受别人影响。

⑤ 多数人干工作是为了满足基本的生理需要和安全需要，所以他们将选择那些在经济上获利最大的事去做，或者说，金钱和其他的物质利益才能激励他们努力工作。

⑥ 人大致可分为两类，大多数人具有上述特性，属于被管理者；少数人能克制自己感情冲动而承担起管理的责任，成为管理者。

相应的安全管理措施。基于“经济人”的假说，安全管理措施主要可以归纳为以下几个方面：

① 采用强制的方式进行管理。

② 安全监督管理工作与职工无关。

③ 安全奖惩靠物质刺激。

“经济人”假说的局限性：

①“胡萝卜加大棒”的管理方法是有限的。

② 在经济较为富裕的社会，这种管理方法失效。

③ 排斥工人参与管理。

④ 否认了工人在安全生产中的地位和作用。

⑤ 不可能激发员工的主人翁精神及主动性与创造性。

⑥ 在发达国家，认为该假说已过时，但在一些欠发达国家(包括我国)，尤其是在一些生产条件恶劣的中小型企业，还存在实行X理论的制度和方法。同时X理论的思想影响还是相当普遍的。

⑦ 在我国企业安全管理中，要有科学的安全考核标准，组织岗位安全培训，建立安全生产责任制，奖金工资与安全工作效绩挂钩，以激发职工的安全行为；要反对一切向钱看的错误倾向，要避免认为对工人管得越严厉越好，把扣发奖金作为管理工人的唯一手段，甚至压制和打击工人的合理批评等。

(2)“社会人”假说与安全管理

该理论产生于20世纪30年代至50年代，它认为：人们在工作中得到的物质利益对于调动生产积极性只有次要意义。人们最重视的是在工作中与周围人的友好相处，良好的人际关系是调动人的生产积极性的决定性因素。这种假说是建立在社会心理学家梅约教授提出的人际关系学说的理论基础上的。梅约在著名的霍桑试验以后，提出了人际关系学说，在1933年出版的《工业文明的人性问题》一书中，提出了以下“社会人”假说的基本观点。

① 企业职工是社会人。

②“以人为中心”进行管理。

③ 企业中“非正式组织”的存在。

④ 建立新型领导方式的必要性。

相应的安全管理措施：

① 安全管理人员不应只注意职工表面是否遵守规章制度及有无违章行为，还要把注意力放在关心人、满足人的需要上。

② 责任人员不能只注意生产的指挥、监督、计划和组织，更应该注意职工之间的人际关系，努力提高职工的认同感、归属感、整体感，激励职工对企业安全效益的自觉精神，培养职工的安全群体意识。

③ 在实行安全奖励或惩罚时，主张实行集体奖励惩罚制度而不主张实行个人奖励惩罚制度。

④ 安全管理人员努力成为员工与管理者的信息联络人并发挥其作用。

⑤ 实行“参与安全管理”的新型管理方式。在尽可能大的程度上让职工或下级参与企业安全生产目标确定、方案决策、措施制定等的研究与讨论。

⑥ 正视企业中“非正式组织”的存在。努力创造有利安全生产的群体氛围，引导“非正式组织”内群体的安全价值观和行为准则；对安全规范破坏型和消极型非正式群体组织要积极干预，使其转变为对企业安全生产目标的实现发挥积极作用的非正式组织。

"社会人"假说的缺点：

① 重视工作中的人性和人际关系，对物质条件重视不够。

② 出发点依然是管理主体的企业家或管理者，换句话说方案本身只是为企业主、管理者们设计的，被管理者的角色依然是既定的。

③ 偏重非正式组织的作用，对正式组织有放松的趋向。

④ 这是一种依赖性的人性假设，它缺乏对人的积极性、主动性、动机等方面的研究。

(3)"自我实现人"假说与安全管理

这种人性假说产生于20世纪50年代，所谓"自我实现"是指个人才能得到充分发展。马斯洛认为，"一个人能成为什么，他就必须成为什么"。麦格雷戈总结并归纳了马斯洛、阿吉里斯以及其他人的观点，结合管理问题，将这种假说归纳为与X理论相对立的Y理论。

"自我实现人"假说的基本观点：

① 厌恶工作并不是普通人的本性，工作可以是一种满足，人们有自愿去做的愿望；也可以是一种惩罚，人们想逃避而不愿工作。到底如何与控制条件有关。

② 外来的控制和惩罚的威胁不是促使人们努力达到组织目标的唯一手段。由于人们具有一种表现自己才能、发挥自己潜力的欲望，因此，人们在执行任务中，能够自我控制和自我指导。

③ 一般人在适当条件下，不但能够接受责任，而且会追求责任。逃避责任、缺乏抱负以及强调安全感，通常是生存经验的结果，而不是人的本性。

④ 大多数人而不是少数人，在解决组织的困难和问题时，能够发挥高度的想象力、聪明才智和创造性。

⑤ 职工自我实现的需要和完成组织任务、使组织目标得以实现的需要，这两者之间并无必然的矛盾。如果给以机会，职工会自愿把他们个人的目标与组织目标结合为一体，并以达到组织目标作为实现自我目标的最大报酬。

⑥ 在现代工业化社会条件下，普通人的智力潜能只得到了部分发挥。

相应的安全管理原则与措施：

① 安全管理的重点应该向注重工作环境和条件改变，更加重视人的因素，更加注意人的价值和尊严。

② 以内在的激励因素为重点，实现激励方式的改变。

③ 安全管理制度向授予职工安全管理权限方向改变。

④ 安全管理者职能向创造条件、减少障碍的方向变化。

(4)"复杂人"假说与安全管理

20世纪60年代末至70年代初由组织心理学家薛恩等人提出。

上述三种人性假设，各有合理的一面，但都有局限性。因为人是复杂的，不仅人与人不同，而且同一人，在不同年龄、状况、地点也会有不同表现。人的需要和潜力会随着年龄的增长、知识的增加、地位的改变而有所变化。"复杂人"假说就是以这样的事实为基础，以求合理地说明人的需要与工作动机的理论。根据"复杂人"的假设，摩尔斯和洛希提出了一种应变理论，也叫"超Y理论"。

“复杂人”假说的基本观点：

① 人的需要是复杂的、多种多样的，并且随着人的发展和工作条件、生活条件的变化而不断变化。每个人的需要层次和水平也各不相同。

② 人在同一时间内有各种需要和动机，这些需要不是并列关系，而是发生相互联系、互相影响、相互作用，并结合为统一整体，形成错综复杂的动机模式。例如，有的人经济需要居于中心位置，有的人社会性需要占主导地位，有的人最迫切的需要是施展自己的才华，等等。

③ 动机模式的形成是人的内部需要和外界环境相互作用的结果。人在企业组织环境中，工作与生活条件不断变化会产生新的需要与动机。

④ 一个人在不同单位工作或同一单位的不同部门工作，由于工作性质不同、社会地位不同、能力要求不同、与周围人的关系不同等，因此会产生不同的需要。

⑤ 由于人们的需要不同、能力各异，对于不同的管理方式会有不同的反应。因此，不存在对任何时代、任何组织和任何个人都普遍行之有效的管理模式。

相应的安全管理措施：

根据“复杂人”的假说提出的应变理论，并不是要求安全管理人员采取完全不同于上述三种假说的安全管理原则和措施，而是要求安全管理者根据具体管理对象、具体生产工作性质和环境，灵活地采取不同的安全管理措施。其主要的安全管理措施有：

① 在保证基本安全管理的组织形式和规章制度的基础上，应根据生产作业情况，采取动态的安全组织管理。例如，对常规的和例行的生产作业，可采取固定的组织形式；而对于临时的或非常规的生产作业，则可采取灵活多变的组织形式。

② 采用弹性、应变的安全管理方式。根据企业情况的不同，安全管理的方式亦应有所变化。若企业安全职责不明、作业秩序混乱、隐患整改不力，则应采取较严格的安全管理方式，以建立良好的安全生产秩序；若企业安全责任明确，分工清楚，管理秩序井然，则应多采用民主的、授权的管理方式，以充分发挥职工的积极性和主动性。

③ 善于发现职工在需要、动机、能力、个性等方面的个别差异，因人、因时、因事、因地制宜地采取灵活多变的安全管理方式与奖惩措施。

2. 马斯洛的需要层次论

美国心理学家马斯洛在 1943 年提出了“需要层次论”。他认为，人类的主要需要是按层次组织起来的。从低级到高级，需要分为五个层次（见图 7－4）。

(1) 生理需要层次

即第一层次的需要。这是人类最原始的最基本的需要，它是指饥饿时需有食品、干渴时需有饮料、寒冷时需有衣服、暑热时需有庇护所、患病时需有药物治疗，等等。这些需要如果不能得到满足，就会有生命的危险，所以是最强烈的，也是不可避免的最低层次的需要。这种生理需要具有自我与种族保护的意义。当一个人存在多种需要时，例如同时缺乏食物、安全与爱情，对于食物的需要总是给予最为重要的位置。这说明生理的需要与其他需要相比，具有更为重要的地位。

(2) 安全需要层次

即第二层次的需要。在生产、劳动、生活过程中，人们希望免于灾难，要求有身心和生命的保障;要求有职业的保险,希望以最小的风险创造生活和财富,这就是对于安全的需要。但这一需要是在生理需要得到满足的前提下才能产生和提高的,因此,安全的需要是建立在生理需要基础上提出来的。

(3)社会交往需要

即第三层次的需要。具体表现为社交、归属与认可的需要。当生理的需要和安全的需要得到基本满足之后,社会交往的需要就成为强烈的需要。人们希望和同事们保持友谊,希望得到信任和友爱,人们渴望在精神上有归属,成为群体中的一员,即人的归属感,这就是社会交往的需要。

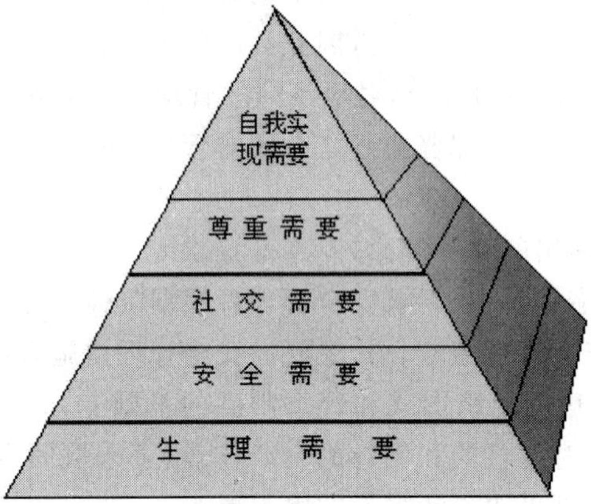

图 7-4 马斯洛需要层次结构

(4)尊重的需要

即第四层次的需要。社会中的人有着这样一种愿望和需要,即自我尊重、自我评价及尊重别人。尊重的需要又可分为两种附属的成分:一是渴望实力、成就、适合性和面向世界的自信心,以及渴望独立与自由;二是渴望名誉与声望。声望来自别人的尊重,受人赏识、注意或欣赏。满足自我尊重的需要导致自我信任、价值、力量、能力、适合性等方面的感觉,而阻挠这些需要将产生自卑感,感情虚弱和无能。显然,尊重的需要很少能够得到完全的满足,但这种需要一旦成为推动力,就会具有持久的行动和干劲。

(5)自我实现的需要

即最高层次的需要。自我实现是马斯洛的一个重要概念,即指最大限度地实现个人先天潜能的基本趋向。它代表个性发展的最高水平,指个人充分发展自己的个性,使个性各部分都能和谐发展。

马斯洛认为需要具有层次,建立了一个由低级需要到高级需要的连续统一体。他把需要看作是一个具有层次的系统,概括为两个大层次:即基本需要,包括生理需要、安全需要;高级需要,包括社会交往、尊重与友爱和个人实现三个层次的需要。不同的人由于具有不同的客观能力和社会背景,其生活中的主导需要不同,根据其需要主导层次的差异,可把人群分为如图 7-5所示的需要模式。

马斯洛把生活需要、安全需要、社会交往需要和尊重与友爱需要称为缺失需要，如果这几种需要得不到满足，寻找满足这些需要的动机就增强，如果这些需要得到满足，这方面的动机就减少。马斯洛把美的需要和自我实现的需要称为生长需要，或存在需要。这些高级需要的满足，并不使动机停止，而是动机作用进一步提高，一个求知欲望很强的人会不断更新知识，学无止境。

马斯洛的需要层次理论在教育实践际和管理实践中具有一定的意义。

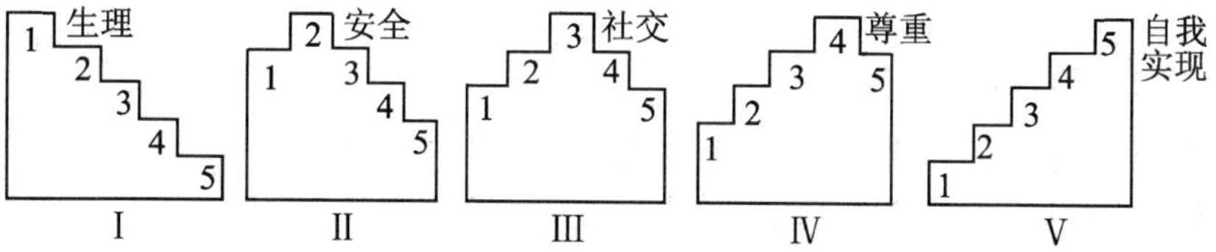

图 7－5　五种需要层次模式

3. 阿尔德弗的 ERG 理论

ERG 理论是美国学者阿尔德弗在进行大量的实验研究的基础上于 1969 年提出的一种与马斯洛需要层次理论密切相关但有所不同的需要理论（见图 7－6 所示）。所谓 ERG 就是生存（Existence）、关系（Relatedness）和成长（Growth）的英文首字母缩写，即生存需要、关系需要和成长需要。

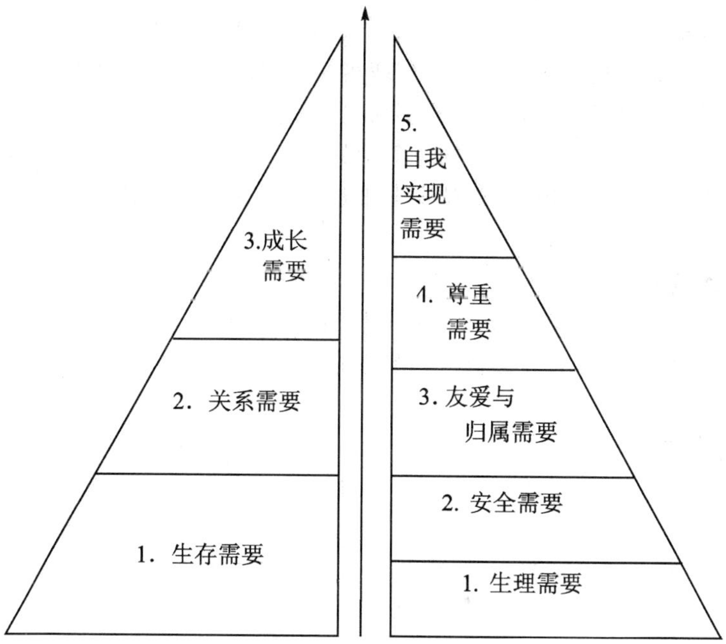

图 7－6　“ERG 理论”与“需要层次论”的对比

（1）理论的基本内容

① 生存需要。这类需要关系到机体的生存或存在，它包括多种形式的生理的和物质的欲望，如饮食、休息、住处和不受伤害等。在企业组织环境中，包括对工资、津贴和工作物质条件

的需要。这种需要实际上相当于马斯洛“需要层次论”中的生理需要和安全需要。

② 关系需要。这是指发展人际关系的需要。这种需要通过工作中的或工作以外与其他人的接触和交往得到满足。它相当于马斯洛理论中的社交需要和一小部分的尊重需要。

③ 成长需要。这是个人自我发展和自我完善的需要。它包括个人在工作上所付出的创造性努力或个人对自己不断成长的奋斗。成长需要的满足，产生于个人所从事的工作，他不仅需要发挥他的才能，而且还需要培养新的才能。这相当于马斯洛理论中的尊重的需要和自我实现的需要。

(2) ERG 理论的特点

① 不强调需要层次的顺序，认为某种需要在一定时间内对行为起作用，当这种需要得到满足后，有可能会追求更高层次的需要，也可能没有这种趋势。

② 较低层的需要越是能够得到较多的满足，对较高层的需要就越渴望。比如工人的生存需要越是得到满足，对人际关系或工作成就的需要就越强烈。

③ 当较高级需要不能实现时，可能会转而求其次。较高层的需要越是满足得少，则对较低层的需要的渴求也越多。

④ 某种需要在得到基本满足后，其强烈程度不仅不会减弱，还可能会增强。

(3) 对安全管理的启示

一般认为，ERG 理论更切合实际。它将安全需要放在低层的生存需要中，同样说明了安全需要是人的基本需要之一，是必须重视和满足的需要。但是，该理论对各层需要的满足顺序并不认为是严格按从低到高的方式发展的，低层需要可以越级向高层需要发展，高层需要则可能干扰低层需要的满足。这一观点与安全管理实践中的许多事例是吻合的。

例如，在安全管理制度不严、安全措施不到位的企业中，职工可以为了得到领导的表扬或同事的尊敬而单纯追求工作效率，在明知有危险的情况下，不顾安全需要，违章冒险作业，导致事故发生。由于上述原因，在进行有效的安全管理时，要注意职工各种需要之间的复杂关系，不能仅以安全需要作为研究和处理对象。

管理学家曾经调查表明：约占人口的 20%的人基本上处于生存需要的层次；只有不到 1%的人处于成长需要的高层次；而大约 80%的人保留在第二层次即关系的需要上。因此利用群体的制约推动安全管理工作，对大多数人都是有效的。

4. 双因素理论

美国心理学家赫茨伯格于 1959 年提出了“激励因素——保健因素”理论，简称双因素理论。通过在美国匹兹堡地区 11 个工商业机构对 200 多位工程师、会计师调查征询，赫茨伯格发现，受访人员举出的不满的项目，大都同他们的工作环境有关，而感到满意的因素，则一般都与工作本身有关。据此，他提出了双因素理论。

该理论将人的行为动机因素分为保健因素和激励因素两大类，见表 7-1 所列：

表 7-1　激励因素与保健因素

保健因素	激励因素
环境条件	工作本身
政策与管理	成就感
监督	得到社会承认
工作环境	挑战性的工作
人际关系	负有较大的责任
金钱、地位、安全	人成长与发展

(1) 理论的基本内容

① 保健因素。保健因素是与人工作的客观情况有关的一些因素，包括公司政策和管理、技术监督、工资福利、劳动保护、聘任保障、人际关系等。赫茨伯格通过对 1844 人次职工进行调查研究后发现，当这些因素缺乏或处理不当时，会引起职工的不满情绪。但即使这些因素都具备，也不会产生强烈的激励作用，也只能防止职工对工作产生不满，而不能激发人们内在的积极性和更多的满意感。保健因素一般不能直接起激励作用。正如“保健”可以防病，但不能治病一样。保健因素处理得好，就可以保证人的工作积极性不受削弱，维持现状，所以称为“保健因素”，也称“维持因素”。

② 激励因素。激励因素是与人的工作有内在联系的一些因素，包括工作本身的吸引力、工作成就、绩效的认可或奖励、工作职责的加强、工作具有挑战性和受到重视、职务得到提升、对未来的期望等。赫茨伯格通过调查发现，激励因素是影响和促使人们在工作中不断进取的内在因素。激励因素的改善可激发职工完成工作的积极性，使人感到满意，若处理不善，可导致职工的不满意，但其影响程度不如保健因素。

正因为激励因素和保健因素在激励功能上的这种差别，赫茨伯格认为：应主要从激励因素，即从内部、从工作本身来调动人的内在积极性，使人们对工作产生感情。在他看来，改善保健因素不能直接对人产生刺激，即使有作用也只会暂时提高其工作满意度和工作积极性，但这种效果只能维持在一个很短的时期内。相反，改进工作本身的特征，使人能从中体验到成就感、责任感并因此得到别人的赏识等内在激励因素，则能产生更大、更持久的激励效果。这一理论也提示我们，如果组织者能够注意提供某些条件以满足保健性需要，也可能会保持组织中人们一定的士气水平。赫茨伯格认为，传统的“满意——不满意”的观点(即认为满意的对立面是不满意)是不确切的。他认为：满意的对立面应该是没有满意，而不是不满意；不满意的对立面应该是没有不满意，而不是满意。

按照赫茨伯格的理论，管理者若想持久而高效地激励员工，最好的途径是充实和完善工作内容，进行工作任务再设计，实现工作丰富化。另一方面是不应忽视保健因素，但没有必要过分改善它，因为这样做充其量只能消除员工对工作的不满情绪，不能直接提高员工的工作积极性和工作效率。

(2) 在安全管理上的应用

首先，要重视职工有关保健因素的满足问题，例如注重改善劳动生产环境和条件，设置必要的福利设施，开展文明生产，力求最大限度地满足职工的合理需要，以减少或消除职工的不满情绪。其次，要充分利用和发挥激励因素对职工进行安全生产的激励作用。例如，对安全工作有责任感的职工要赋予一定的职责，多安排有挑战意义的工作，扩大其工作范围，增强其成就需要；将企业安全生产的近期目标和发展规划以不同的形式反馈给职工，以增强职工对企业安全生产的信心。

双因素理论是针对满足人的需要的目标或诱因提出来的，在实用中有一定的道理，但在某种条件下也并非如此，即在一定条件下，保健因素也有激励作用。

5. 操作条件反射理论——强化理论

操作条件反射理论由美国哈佛大学斯金纳教授提出，也称为强化理论、行为矫正理论。斯金纳说："操作条件反射的作用能塑造行为，正如一个雕刻师能塑造粘土一样。"总之，在他看来，人的行为是受外部环境刺激所调节，因而也受外部环境刺激所控制，改变刺激就能改变行为。

(1) 操作性条件反射的概念

人类通过后天学习得到的行为可以分为两种：

① 巴甫洛夫的条件反射理论。对一定刺激的应答反应——"应答性条件反射"。

② 没有明显的刺激出现。也许纯粹是一种自发的行为——"操作性条件反射"。

区别主要在于以下两点：

第一，刺激在反射形成过程中的作用不同。一种是"刺激—反应"过程，另一种是"反应—强化"过程；

第二，强化在反射形成过程中的作用不同。在应答性条件反射中，受重视的是反应前的刺激而不是反应后的结果，因此"强化"在这类反射行为中没有意义。在操作性条件反射中，强化是重要的，是行为的后果而不是行为前的刺激导致行为的保持或消退。

强化理论的基本观点是：

① 人的行为受到正强化趋向于重复发生，受到负强化会趋向于减少发生。例如，当一个人做了好事受到表扬，会促使他再做好事；当一个做了错事受到批评，就会使他减少做类似的错事。

② 欲激励一个人按一定要求和方式去工作，奖励（给予报酬）比惩罚更有效。

③ 反馈是强化的一种重要形式。反馈就是使工作者知道结果。管理者对被管理者的积极行为给予评价会使这种行为重复发生。

④ 为了使某种行为得到加强，奖赏（报酬）应在行为发生以后尽快提供，考虑强化的时效性，延缓提供奖赏会降低强化作用的效果。

⑤ 对所希望发生的行为应该明确规定和表述。只有行为及目标明确而具体，才能对行为效果进行衡量和及时予以奖励。

(2) 安全管理中的正确应用

在企业安全管理中，可应用强化理论来指导安全工作，为保障安全生产的正常进行起到积极作用。在实际应用中，关键在于如何使强化机制协调运转并产生整体效应。应用强化理论应注意以下五个方面：

① 要设立一个安全目标体系；

② 应以正强化方式为主；

③ 注意强化的时效性；

④ 因人制宜采用不同的强化方式；

⑤ 充分利用信息反馈增强强化的效果。

6. 挫折理论

人的行为由需要引起，受动机支配，为一定目标吸引。个体行为的积极性，促使人的各种心理活动和外部行为为实现某个目标产生一定程度的努力。实现目标的行为努力无非是两种结果，一种是实现目标的过程，没有遇到大的困难或遇到了但能够战胜困难去实现目标；另一种则是遇到了难以克服的困难，人的行为受阻、目标无法实现、需要不能满足所引起的一系列心理反应和行为反应，这就是我们所要研究的挫折。

在实际生活和工作中，挫折是一种客观存在，尤其是在实现较高目标的意志行动中，挫折现象更是经常发生。挫折对人行为积极性的影响是十分突出的，大的挫折引起的消极反应会严重损伤行为积极性。挫折产生后，个体可能会以消极的行为对待之，也可能会以积极的行为对待之。究竟以什么样的行为对付挫折，一方面取决于个体的心理，如个性倾向性中的理想、信念、世界观，性格中的情绪特征、意志特征等；另一方面取决于周围的人和组织所给予的影响。为了在管理工作中维护人的行为积极性，改造挫折引起的消极性行为，管理心理学对挫折进行了大量的研究，并形成了挫折理论。

(1) 挫折心理与挫折行为的表现

挫折所引起的心理和行为反应是多种多样的。这些心理和行为反应可归为两类：一类是积极的、建设性的心理和行为；另一类是消极的、破坏性的心理和行为。

积极的、建设性的行为常见的有以下四种：

① 升华。升华是人遭受挫折后，最有建设性的一种积极反应，其含义为：把敌对、悲愤等消极因素化为积极动力，做出更有意义的成就。

② 增加努力。增加努力指支持原有目标，加倍做出努力，选择其他途径，最终达成目标。

③ 重新解释目标。重新解释目标指达不成目标时，延长实现目标的期限或者重新调整目标。

④ 补偿。当一个人确定的目标受到条件的限制而无法达到时，他用实现另一个目标来进行补偿，或者以谋求新的需要来取代原来的需要。

消极的或破坏性的行为主要有以下十二种：

① 折中。折中指两件事情发生矛盾时，采取折中调和的办法，以避免或减少挫折。

② 反向行为。努力压制自己的意志和感情，勉强去做一些违背自己意愿的事。

③ 合理化。为解释某种受挫的行为寻找借口。这种借口听起来似乎合理，但并非真实，在第三者听来往往不合逻辑，然而自己却能从中求得内心的某种安宁，以减轻受挫感。

④ 推诿。推诿即将自己做错的事诿过于人。

⑤ 退缩。退缩即知难而退或畏难而退。

⑥ 逃避。不敢面对受挫的现实，遇到棘手问题或情绪低落时，努力从其他活动（工作或娱乐）中寻找乐趣。

⑦ 表同。这是一种以理想中的某人自居的变态心理，通过模仿某人的思想、言论、行为乃

至衣着等，在心理上分享他人的成功之果，以冲淡自己未能达到此人那样成就所产生的挫折感。

⑧ 幻想。幻想即无法面对受挫的现实，胡思乱想，作为精神上的寄托。

⑨ 抑制。将痛苦的记忆和经验从意识中排除出来，压抑到下意识之中，以减轻挫折所带来的痛苦。

⑩ 回归。这是面对挫折所表现出来的一种与年龄不相称的幼稚行为，形成成熟的倒退现象，甚至退化到做出“小孩般”的幼稚动作。

⑪ 攻击。一种无理智的、消极的、带有破坏性的行为，可针对他所认为的挫折源（人或事）而发，也可泄怒于无关的旁人或折磨自己，甚至自杀。

⑫ 放弃。长期受挫，丧失信心；极度消沉，自暴自弃；什么事都打不起精神，对挫折漠然视之，对未来一无所求。

(2) 挫折容忍力及其影响因素

挫折在人的心理和行为上引起的反应的强度，取决于多方面的因素：① 受挫折程度的影响。一般来讲，轻度的挫折引起的心理反应和行为反应较微弱，重度挫折引起的行为反应较强烈。② 受人的挫折容忍力的影响。同样一个中等强度的挫折，对于挫折容忍力较强的人来说，消极影响很小，他仍能坚持不懈地去努力实现目标。但对于挫折容忍力较差的人来说，就可能引起他意志消沉、一蹶不振等反应。

一个人挫折容忍力的强弱，主要受以下因素影响：

① 人的生理条件。在其他主客观条件相同的情况下，身强力壮的人比体弱多病的人具有较强的挫折容忍力。

② 过去的生活经历，特别是以往经受挫折的情况。在以往的生活中历经磨难的人，比生活经历一帆风顺的人挫折容忍力强。以往所经受的挫折锻炼，是影响挫折容忍力的一个重要因素。

③ 人们对挫折的主观判断，也是影响挫折容忍力的一个重要因素。挫折作为一种情感或行为反应，直接受认识因素的影响。一个人依据自己的知识、经验和收集到的信息去判断挫折对自己所产生的不良影响或造成的后果的程度。同样一种挫折，如主观上判断为严重挫折，在主体的心理和行为上引起的反应就强烈，而主观上判断为中度或轻度挫折，在主体的心理和行为上引起的反应就较轻。

④ 影响挫折容忍力还有一个很重要的因素，就是人的理想、信念、世界观、人生观。远大的理想，坚定的信念，正确的世界观和人生观，能够大大增强一个人的挫折容忍力，降低挫折的消极影响。

(3) 产生挫折的原因分析

在人们的生活、生产、工作和学习中，挫折的表现是多种多样的，引起挫折的原因纷繁复杂，一种挫折也可能是由几个甚至几方面的原因引起的。分析挫折产生的原因，有助于在管理工作中降低挫折所产生的消极影响。对于引起挫折纷繁复杂的原因，我们可以从不同方面去加以归纳分析。

① 客观环境方面的原因。环境因素属于外因，因此而引起的挫折叫做外因性挫折。客观外界的许多因素往往干扰或阻碍人实现目标的意志行动，引起人们的挫折反应。例如暴风骤

雨、洪水猛涨、洪水泛滥、冲毁了家园；强烈的地震，不但毁坏了家园，还会使一些家人永远不能再团圆等。这一类导致挫折的原因属自然环境方面的原因。社会环境方面的原因，指个人在行为中受到政治、经济、法律、道德，宗教、风俗习惯等人为因素的影响，这是管理过程中被管理者挫折产生的主要原因。例如：在实现目标的过程中受到他人的阻挠、嫉妒、讥讽，受到官僚主义、本位主义、原来的人际矛盾等的影响都可能引起挫折。

② 主观方面的原因。主观方面的原因引起的挫折叫内因性挫折，主观方面的原因又可分为两个方面：一方面是个人所具备的条件；另一方面是动机的冲突。前者例如因个人体力、智力和容貌的条件不佳，个人经验不足，思想意识不端正，思想方法片面等，致使个人目标无法实现；后者例如因事实所迫，个人所追求的几个目标只能在取舍抉择中保留一个，其余的目标不得不忍痛放弃等。

7. 期望理论

1964 年，美国学者弗洛姆在其《工作与激发》一书中提出了期望理论，其基本点是：人的积极性被激发的程度，取决于他对目标价值估计的大小和判断实现此目标概率大小的乘积，用公式表示为

$$激励水平(M)=目标效价(V)\times 期望概率(E)$$

式中：V——个人对工作目标对自身重要性的估价；

E——个人对实现目标可能性大小的主观估计。

目标效价，它是一个心理学上的概念，是指一个人对他所从事的工作或所要达到的目标的效用价值，或者说达到目标对于满足个人需要的价值。对于同一个目标，由于各人的需要不同，兴趣不同，所处的环境不同，人们对目标的效价（目标价值）也往往不同。一个需要通过努力工作得到升迁机会的人，在他们心中，升迁的效价就很高；如果这个人对升迁毫无要求，而且害怕升迁，那么，升迁对他来说，效价就是负值。

期望概率，它是一个人根据过去的经验判断自己达到某种结果（目标）的可能性的大小，一个人往往根据过去的经验来判断行为所能导致的结果，或所能获得某种需要的概率。因此，过去的经验对一个人的行为有较大的影响。由此可见，该公式说明，假如一个人把目标看得越大，则激发的力量就越大；相反，如果期望概率很低或目标价值过小，就会降低对人的激发力量。

期望之所以会影响一个人的积极性，从心理学上解释，是因为目标效价的大小直接反映并影响一个人的需要和动机，因而它影响一个人实现目标的情绪和努力程度。期望概率的本身也直接影响一个人的行为动机和实现目标的信心，如果期望概率很低，经过一定努力仍不能达到目标，就会削弱人们的动机强度，甚至会使人完全放弃原来的目标而改变行为。

这一理论说明，应从提高目标效价和增强实现目标的可能性两个方面去激励一个人的行为。应用这一理论应注意：人对目标价值的评价受个人知识、经验、态度、信仰、价值观等因素的影响，而期望概率受条件、环境等因素的制约。因此，提高人们对安全目标价值认识、创造有利的条件和环境，增强实现安全生产的可能性，是安全管理和工作人员应尽的义务。

8. 公平理论

公平理论是由美国心理学家亚当斯(J. S. Adams)提出的一种激励理论。这种理论认为，

人的工作动机不仅受到所得到的绝对收益的影响，而且还受相对收益的影响，即一个人仅看到自己的实际收益，还把其与别人的收益作比较，当两者相等或合理，则认为是正常和公平的，因而心情舒畅地积极工作，否由会产生不公平感，于是影响行为积极性。

该理论着重研究工资报酬分配的合理性、公平性对职工积极性的影响。公平理论认为，人能否受到激励，不仅会因为他们得到了什么而定，还会由他们看到别人（或以为别人）得到了什么而定。他们总是首先进行一番“社会比较”，全面地衡量自己的支出和收入。如果他们发现自己的支出和收入的比例相当时，就会认为公平，于是心里舒畅，努力工作；相反，如果他们发现自己的支出和收入的比例不相当，或低于别人时，就会产生不公平感，构成满腔的怨气。

究竟人们是怎样确定对自己的报酬是公平还是不公平的呢？亚当斯提出了关于公平关系的方程式，后来又称为公平理论模式：

$$Q_p/I_p=Q_o/I_o$$

式中：Q_p：代表一个人对它自己所获得报酬的感觉；

I_p：代表这个人对他自己所投入的感觉；

Q_o：代表这个人对某个作为比较对象的人所获得报酬的感觉；

I_o：代表他对那个作为比较对象的人所做投入的感觉。

该式简明地表达了影响个体公平感的各变量之间的关系，人们并非单纯地将自己的投入或获取与他人的进行比较，而是以双方的获取与投入的比值来进行比较。

当 $Q_p/I_p=Q_o/I_o$ 时，有公平感；

当 $Q_p/I_p<Q_o/I_o$ 时，感到不公平，产生委屈感；

当 $Q_p/I_p>Q_o/I_o$ 时，感到不公平，产生内疚感。

一般而论，人的内疚感的临界阈值较高，而委屈感的临界阈值较低，因此主要是后者对人的影响较大。

公平理论告诉我们，应重视“比较存在”的意义及作用，在管理工作中，组织领导者必须十分重视在工作、待遇上因不公平、不合理的现象对人的心理状态及行为动机带来消极影响，应当在工作任务的分配上与工资、奖金以及工作成绩的评价中，力求公平合理，努力消除不公平、不合理现象。否则必然会挫伤职工群众的积极性，在心理上造成不良影响，不利于企业的生产发展。

9. 综合激励理论

综合激励理论又分为早期的综合激励理论和新的综合激励模式。

早期的综合激励理论是由社会心理学家卢因提出的场动力理论，他把外在激励因素（工资报酬、劳动条件、劳保福利等外部条件）和内在激励因素（工作本身的兴趣、价值、成就感等）结合起来，认为个人行为的方向和向量取决于外部环境刺激和个人内部动力的乘积。外部刺激只是导火索，能否对行为起作用，还要取决于内部动力的强度。

新的综合激励模式是20世纪60年代波特和劳勒把内在激励和外部激励综合起来而形成的新的激励模式，即波特——劳勒激励模型，模型如图7-7所示。

该模型说明工作绩效是一个多维变量，除了受个人的努力程度决定外，还受以下四个因素的影响：即个人的能力与素质、外在的工作条件与环境、个人对组织期望意图的悟感与理解及对薪酬公平性的感知。个人工作努力程度的大小，取决于个人对内在、外在奖酬的价值，特别

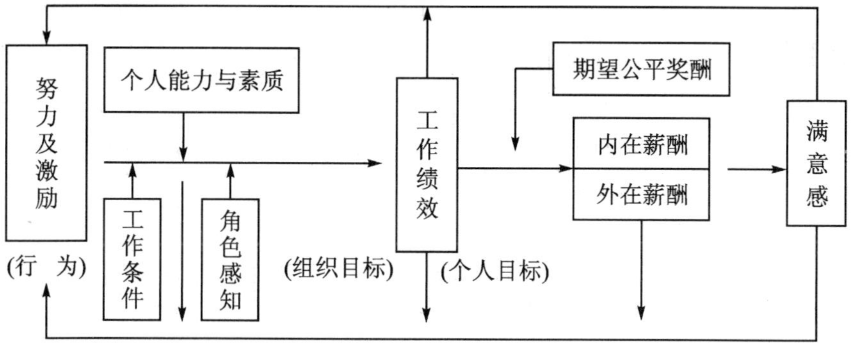

图 7－7　波特——劳勒激励模型

是内在奖酬的主观评价，以及对努力—绩效关系和绩效—奖酬关系的感知情况。波特——劳勒激励模型告诉我们，要形成激励努力—绩效—奖励—满足并从满足反馈至努力这样的良性循环，其取决于奖励内容、奖惩制度、组织分工、目标导向行动的设置、管理水平、考核的公正性、领导作风及个人心理期望等多种综合性因素。

第三节　行为激励方法

安全行为的激励是进行安全管理的基本方法之一，在我国长期的劳动保护管理工作中，这种方法被安全管理人员自觉或不自觉地应用，特别是随着安全心理学和安全行为科学的发展，这一方法及其作用得到了进一步的发展。根据安全行为激励的原理，可把激励的方法分为以下两种。

一、外部激励

所谓外部激励就是通过外部力量来激发人的安全行为的积极性和主动性，常用的激励手段如设安全奖、改善劳动卫生条件、物质奖励、提高福利、提高待遇、安全与职务晋升或奖金挂钩、表扬、记功、开展“安全竞赛”等手段和活动，都是通过外部作用激励人的安全行为。严格、科学的安全监察、监督、检查也是一种外部激励的手段。

二、内部激励

内部激励的方式很多，如更新安全知识、培训安全技能、强化安全观念和情感、智力潜能开发、解决思想问题、理想培养、建立安全远大目标等。内部激励是通过增强安全意识、素质、能力、信心和抱负等来发挥作用的。内部激励是以实现提高职工的安全生产和劳动保护自觉性为目标的激励方式。

外部的刺激和奖励与内部的鼓励和激励，都能激发人的安全行为。但内部激励更具有推动力和持久力。前者虽然可以激发人的安全行为，但在许多情况下不是建立在内心自愿的基础上，一旦物质刺激取消后，又会回复到原来的安全行为水平上。而内部激励发挥作用后，可使人的安全行为建立在自觉、自愿的基础上，能对自己的安全行为进行自我指导、自我控制、自我实现，完全依靠自身的力量来控制行为。从安全管理的方法来讲，两种方法都是必要的。作为一名安全管理人员，应积极创造条件，形成人的内部激励的环境，在一定和特殊场合和特定的人员，也应有外部的鼓励和奖励，充分地调动每个领导和职工安全行动的自觉性和主动性。

本章小结

本章主要论述了行为激励的理论及方法。通过学习，深入理解如何应用激励的方法来进行行为的控制和调整。

自我小结

____

____

____

____

____

自测题

1. 领导的定义是什么？
2. 一个领导者应具备哪些素质？
3. 情景领导模式的几种类型是什么？
4. 行为激励是如何产生的？
5. 行为激励的主要原则有哪些？
6. 列举出几种行为激励的理论，并简单说说其主要内容。
7. 对人的行为激励的“期望理论”是什么？试写出其数学模型。
8. 列举出几种常用的行为激励方法。

自测题参考答案

1. 领导是指影响个人或组织在一定条件下安全实现某一目标的行为过程。
2. 一个领导者应具备如下几方面的素质：

   ① 能正确地进行自我认识；　② 要有坚定的自信心；

   ③ 要有沟通思想的能力；　④ 要掌握必要的专业知识和技术。
3. 情景领导模式：

   S1 告知式：领导者主导

   特点是：告知、指导、指示、建立——适用于低准备度水平被领导者。

   S2 推销式：领导者主导

   特点是：推销、解释、澄清、说服——适用于适中低准备度水平被领导者。

   S3 参与式：被领导者主导

   特点是：参与、鼓励、合作、承诺——适用于中高准备度水平被领导者。

   S4 授权式：被领导者主导

   特点是：授权、观察、监督、实践——适用于较高准备度水平被领导者。

4. 激励是从个人的需要出发，当需要产生而未得到满足时，会引起生理或心理紧张，从而激发寻求满足的动机。在动机的驱使下，采取行动，行动的结果达到预定目标，使需要得到满足，紧张消除；如果需要尚未得到满足，将导致新的激励过程开始。

5. 行为激励的主要原则：

① 组织目标与个人目标相结合的原则；

② 物质激励与精神激励相结合的原则；

③ 正激励与负激励相结合的原则；

④ 民主公正公平原则。

6. X－Y 理论、马斯洛的需要层次论、阿尔德弗的 ERG 理论、双因素理论、强化理论、挫折理论、期望理论、公平理论。

7. 期望理论的基本点是：人的积极性被激发的程度，取决于他对目标价值估计的大小和判断实现此目标概率大小的乘积，用公式表示为

$$激励水平(M)=目标效价(V)\times期望概率(E)$$

式中：V——个人对工作目标对自身重要性的估价；

E——个人对实现目标可能性大小的主观估计。

8. 外部激励：如设安全奖、改善劳动卫生条件、物质奖励、提高福利、提高待遇、安全与职务晋升或奖金挂钩、表扬、记功、开展“安全竞赛”等。

内部激励：如更新安全知识、培训安全技能、强化安全观念和情感、智力潜能开发、解决思想问题、理想培养、建立安全远大目标等。

第八章　安全行为科学的应用

本章知识框架结构图

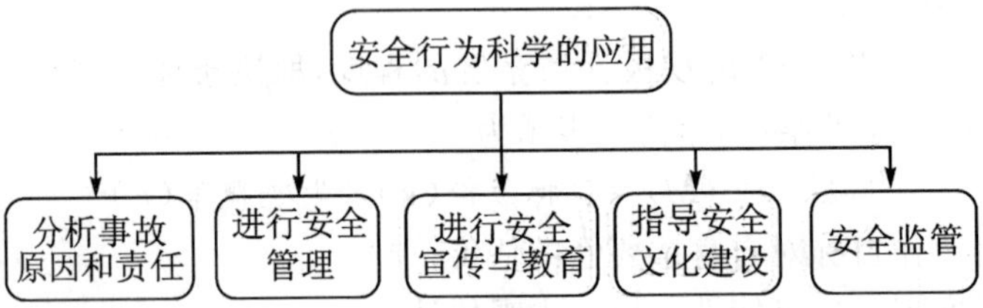

知识导引

安全行为科学是研究人的行为规律，以激励安全行为，避免和克服不安全行为，对于预防事故有重要作用和积极的意义。它可应用于安全管理、安全教育、安全宣传、安全文化建设等，也可以为提高安全专业人员和职工的素质服务。本章主要论述了如何将安全行为科学应用于现代企业的安全管理中，并加以例证。

本章的学习重点及难点

重　点：安全行为科学的具体应用，行为抽样技术。

难　点：如何用安全行为科学理论分析事故，如何将安全行为科学理论应用于现代企业的安全管理中。

核心概念：组织、行为抽样、抽样技术等。

本章需要思考的问题

通过本章的学习，需要思考如下问题：

1. 如何用安全行为科学分析事故原因和责任。
2. 如何在安全管理中运用安全行为科学。
3. 如何运用安全行为科学进行安全宣传与教育。
4. 如何用安全行为科学指导安全文化建设。
5. 如何塑造安全监管人员良好的心理素质。
6. 如何将组织心理应用于安全管理中。
7. 如何应用行为抽样技术。

相关的阅读材料

学习阅读心理学、行为科学、管理学等相关资料。

本章学习目标

本章的学习目标是：

◇ 了解行为抽样技术如何应用；

◇ 掌握如何将安全行为科学理论应用于现代企业安全管理。

教学活动建议

搜集安全行为科学的具体应用案例，结合读者实际情况，组织讨论学习如何应用安全科学知识来分析案例及进行安全管理。

第一节　安全行为科学的具体应用

安全行为科学首先可应用于深入、准确地分析事故原因和责任，以使我们科学、有效地控制人为事故。同时，安全行为科学可应用于安全管理、安全教育、安全宣传、安全文化建设等，也可以为提高安全专业人员和职工的素质服务。安全行为科学为安全生产和安全管理提供了理论基础和方法论，具体来说，安全行为科学可应用于以下方面。

一、用安全行为科学分析事故原因和责任

1. 事故原因的分析

安全行为科学的理论指出，人的行为受个性心理、社会心理、社会、生理和环境等因素的影响，因而在生产中引发人的不安全行为。造成安全事故的原因是复杂多样的。有了这样的认识，对于人为事故原因的分析就不能停留在"人因"这一层次上，应该进行更为深入的分析。例如在分析人的不安全行为表现时，应分清是生理原因还是心理原因；是客观环境还是主观原因。对于心理、主观的原因，主要从人的内因入手，通过教育、监督、检查、管理等手段来控制或调整；对于生理或客观的原因，主要是从物态和环境方面进行研究，以适应人的生理要求，减少人的失误。安全行为科学中人的行为模式、影响人行为的因素分析、挫折行为研究、事故心理结构、人的意识过程等理论和规律都有助于研究和分析事故的原因。

2. 事故责任的分析

根据心理学所揭示的规律，人的行为是由动机支配的，而动机则是由需要引起的，人们的行为一般来说都有目的，都是在某种动机的策动下为了达到某个目标而行动的。

需要、动机、行为、目标四者之间的关系是很密切的，例如安全管理中开办的特种作业人员的培训工作，学员来自各个企业，他们都表现出积极的学习热情，这种热情是来源于其学习的动机。因为在工作中，如果一个特种作业人员缺少应有的安全技术知识和技能，就不可能胜任工作，甚至会导致事故。就是这种实际工作的需要产生了学习的动机，进而导致了学习的热情。

动机是指为满足某种需要而进行活动的念头或想法，它是推动人们进行活动的内部原动力。动机和行为因关系复杂，在安全管理上在对待事故责任者的分析判断上，也要从分析行为与动机的复杂关系入手，为此，可从以下两方面考虑：

首先，在分析一起事故责任者的行为时，要全面分析个人因素与环境因素相互作用的情况。任何一种行为，都是个人因素与环境因素相互作用的结果，是一种"综合效应"。因此，我们在分析事故责任者的行为时就必须同时看到个人因素和环境因素这两方面，否则会产生片面性。

其次，分析个人因素时，要同时分析其外在表现与内在动机。动机和行为不是简单的线性关系，而是存在着复杂的联系，主要表现在：

① 同一动机可引起种种不同的行为。例如，想尽快完成生产任务，这种动机可引起以下

种种行为：努力工作，革新技术，在保证质量的前提下，加快生产速度；偷工减料，粗制滥造，提高产量；不顾操作规程，省去必要的工艺环节，以求尽快完成生产任务，等等。

② 同一行为，可出自不同的动机。例如埋头工作，可由种种动机引起：争当先进；多拿奖金；争获表扬；事业心驱动，等等。

③ 合理的动机也可能引起不合理甚至错误的行为。例如为了完成生产任务，加班加点干活，忽视了劳逸结合，使工人在极端疲劳情况下连续工作，导致了工伤事故。

因此，在分析问题、解决问题时，要透过现象看本质，从人的行为动机入手，实事求是地进行处理，就能做到既符合实际，又切中其弊，使问题处理得最好。

二、在安全管理中运用安全行为科学

1. 用安全行为科学指导工作安排

安全行为科学中对于性格、气质、兴趣等个性心理行为规律研究的结果，可应用于一些工种或岗位的工作适应性和胜任力的指导；同时，可以通过对情绪、能力、爱好等特点和状态的分析，在生产安排上做出合理的调节，以减少行为失误或事故发生的可能性。

2. 科学地应用管理手段

安全管理中可应用激励理论来进行科学的管理，如科学应用于激励理论能激发安全行为，以抑制“三违”行为；利用角色理论来调动各级领导和安全专职人员的积极性；应用领导理论进行有效的安全管理等。下面主要介绍强化理论在安全管理中的运用。

动机对人的行为有强化作用。强化，可分为正强化和负强化。在企业安全管理中，实际上人们都在自觉或不自觉地运用着强化理论，例如进行表扬与奖励、批评与处罚等。

表扬与奖励、批评与处罚是企业管理的主要方法，也是安全管理的有效手段。“奖”起着正面引导的作用，不但使本人有成就感，增进保持荣誉的内在动力，也有利于形成竞争气氛，激励人们上进；“罚”可以起劝阻和警告作用，使本人与他人不再发生或少发生错误行为。“奖”与“罚”好比一条航道上的左右两个航标，是保证正确航向必不可少的武器。

然而，在安全管理中要真正用好这两个“航标”，做到奖罚分明，功过分明，达到预期的强化激励的目标，调动领导和职工的安全生产的自觉性和积极性，却并不容易。在运用强化原理进行表扬与批评、奖励与处罚时，要注意以下几点：

① 以正强化为主，即表扬与批评相结合，以表扬为主的原则，这样才符合心理学原理。因为表扬可以使受表扬的人产生一种积极的情绪体验，感到愉快，受到鼓舞，正视正确行为，激发主动精神，把安全生产的目标作为一种自觉行为。

② 利用“对期望行为的强调”的科学手段，注意表扬与批评、奖励与惩罚的目的性。批评和处罚，目的在于少出现或不出现不期望出现的行为。有些管理者，在进行批评与表扬时，容易就事论事，也就是说领导的表扬或批评总是跟在事情的后面，处于被动状态。所谓“对期望行为的强调”就是要摆脱这种被动应付的局面。例如，某个企业一段时期来最突出的问题是职工劳动纪律差，不遵守规章制度，严重影响安全生产，那么，企业领导就应该有意识地围绕“劳动纪律”问题，表扬好的，批评差的，以形成所期望的遵章守纪的局面。

③ 实事求是。运用奖惩这一激励方法时，必须注意准确性，不论是采取表扬、奖励的正强

化，还是采取批评、惩罚的负强化，都必须在调查研究的基础上，做到实事求是，恰如其分，力求准确。

④ 因人而异，形式多样。运用奖惩这一强化激励方法，要注意从不同对象的心理特点出发，采取不同的方式和要求。由于每一个人的特点不一样，对正负强化的反应也不相同，有的人爱面子，口头表扬就有作用；有的人讲实惠，希望得到物质的奖励；有的人脸皮薄，在会上被批评就受不了；有的人则相反，如果不狠狠地触动，就起不到强化作用，等等。因此，为了收到好的实际的强化效果，就得讲究方法。要讲时效性，注意对象和个体的心理差异。

3. 进行合理的班组建设

在考虑班组人员的构成上，为使团体行为协调、安全和高效，就要研究人员的结构效应。如需要考虑班组成员的价值观趋同、气质互补和性格互补的搭配等问题。

三、运用安全行为科学进行安全宣传与教育

安全宣传与教育的效果与其进行的方式密切相关。从行为科学的角度，利用心理学、社会学、教育学和管理学的方法和技术，会取得较好的效果。如可利用认知技巧中的第一印象作用和优先效应强化新工人的“三级”教育；应用意识过程的感觉、知觉、记忆、思维规律等，设计安全教育的内容和程序；利用安全意识规律，通过宣教的方法来强化人们的安全意识。

四、用安全行为科学指导安全文化建设

安全文化建设的实践之一就是要提高全员的安全文化素质。显然，针对不同对象（决策者、管理者、技术人员、和普通员工）所进行的安全文化教育的内容和要求是不一样的，而且也应采用不同的建设方式（管理、宣传、教育等）。安全行为科学理论表明：人的行为不仅受心理、生理等内部因素的支配和作用，也受人文环境和物态环境等外部因素的影响和作用，因而人的行为表现出动态性和可塑性。这样，对于行为的控制和管理就需要运用动态的、变化的方式。因此，安全文化活动需要定期与非定期相结合进行，在必要的、重复的基础上，从简单地监督检查变为艺术地激励和启发等。

五、塑造安全监管人员良好的心理素质

安全管理和安全监察人员工作的多样性、复杂性与重要性，要求他们具有一系列的心理品质，不然，就不能顺利完成自己的工作职责。一般来说，一个安全监管人员的个性品质、思维能力都是在进行有关工作的实践中形成的。在工作实践中他们考虑多种多样的事物，遇到并解决多种多样的问题，逐渐地便形成所从事的职业的心理品质。这些心理品质表现在：

首先，安全监管人员应当具有工作所必需的道德品质。这是由他们的重要任务决定的。他们要对生产过程中因不安全所致的事故及责任者进行处理、教育，或对企业的安全状况提出客观公正的评价意见。只有受过良好教育，具有崇高的道德品质的人，才能对处理的公务实事求是、秉公办事，才能产生良好的效果和影响。

其次，安全监管人员必须要有良好的分析问题的能力。在分析事故原因及责任时，这种能力非常重要。分析和综合能力常常是密切联系的，所以一个安全监管人员的思维还需要敏捷与灵活，善于综合处理问题。在分析事故时，需要设想肇事者的行为，这要求安全监管人员具

有空间想象能力。另外，为了事故处理得恰当和合理，还要求安全监管人员具有果断、主见、耐心、沉着、自制力、纪律性和认真精神等个性品质，以及较好的人际关系处理艺术。

只有在实践中锻炼、学习，才能提高自己的心理素质和品质。在安全管理的监察活动中，创造性的活动是经常和必然碰到的。进行创造性活动的基本条件是对本职工作的兴趣和热爱。因此，热爱本职、献身安全事业，是重要而基本的。积极的个性、良好的修养、合作精神、个人利益服从集体利益和国家的利益、完成任务的纪律性、自我牺牲精神，等等，都是安全监管人员应具有的品质。

安全监管人员需要懂得心理学的一般知识。安全认识活动的复杂结构要求安全监管人员掌握心理学知识。思维的高度和深度；分析问题解决问题的独立性和批判性；善于根据个别事实和细节复现过去事件的模型；思维心理过程的状态应当保证揭示信息的系统性与完备性；保证找到为充分建立过去事件模型所必需的新信息的途径等，这些都要求安全监管人员具有行为科学的知识。

安全管理与监察工作者在完成自己的职责时，还需要适应各种不利的条件，这个适应包括善于抛开某种刺激物，善于抑制各种消极性情，只有建立在对智力、意志和情绪的品质进行训练基础上的适应性，才能很好地完成复杂和多种的安全分析、事故处理等活动。

六、组织心理在安全中的应用

心理学把组织看成一种社会心理体系，是个体、群体、社会相互作用、相互影响的复杂有机体。它的主要内容包括：组织是由具有心理活动规律的人组成的，所以组织活动是多样的和能动的。组织活动是一种社会活动，表现出不同于个体心理活动规律的社会心理活动规律，组织成员与组织相互作用，组织成员的心理受到组织分工、规范等的影响而改变。改变了心理的组织成员又强化或削弱了组织的功能，影响组织的变革和发展。综上所述，我们认为安全管理心理学的组织定义应该是：人们为了安全达到某一共同目标，各自明确分担任务，相互影响和协作，按一定方式组合起来的统一行动的人群集合体。

1. 组织的概念及其主要特征

组织是一个有机体，是由许多功能相关的群体所组成。人们对组织的认识不断深化，传统的组织概念与现代的组织概念就有很大的差别。传统的组织概念是：为了达到某一特定的目标，由某部门的分工合作与各种责任制度，去协调一群人的行动。这个概念说明了组织具有下列三个特征：

① 组织有一个共同目标。没有共同目标，组织便不存在。从安全管理的角度来看，安全管理的组织目标是与组织的共同目标一致的，而且是以组织目标为前提的，没有组织目标，就不存在组织，也就没有安全的目标。例如，一个企业首先要有一个生产经营目标，从安全管理的要求来说，要有一个为实现生产目标的安全目标。企业的安全工作与生产工作是以互相依存为条件的，任何一方不能孤立地存在，没有生产活动，安全工作就不会存在；反之，如果没有起码的安全条件，生产就根本无法进行。实际上安全生产就是组织的安全目标。

② 组织有不同层次的分工，有着明确的责任制度。组织为了达到预定目标需要分工合作，需要责任制度来保证。安全管理的组织是整个组织的组成部分，并有机地包含在整个组织的系统之中。例如，在企业、厂级有分管安全管理的厂长，车间有兼管安全工作的主任，有专职

从事安全生产劳动保护管理的职能科室，在班组里有安全员，他们都有明确的分工。同时，从厂长一直到班组都建立了系列的安全生产责任制。此外，还规定了有关科室及工程技术人员的职责，如机械设备的安全装置的图纸设计，需通知安技科室及工程技术人员参与意见；进行机器设备安装时，必须符合安全、卫生要求；迁移或改装机器设备，应将原有的安全防护装置照样装好；机器大修时，应将缺少的安全防护装置进行补充安装；定期检查各种机器设备，特别是有危险的设备，如起重设备、乙炔发生器等，在组织修理时，应该通知安技科参加。

③ 组织的功能是协调组织成员为达到共同目标而进行的活动。从安全管理方面来讲，为了实现企业的安全生产要求，达到既定的目标，除了建立和执行各级和各部门的安全生产责任制度外，还应建立各种工种安全操作规程，如车工、刨工、锯木、镗工、磨工等金属切削及机械加工的安全操作规程。

现代的组织概念是开放的社会技术系统。这个概念又说明了现代组织的另外三个特征：

① 组织是一个开放的系统，它不断地与外部环境进行材料与信息的交流。组织为了适应环境，本身在不断地改革。安全是为劳动者提供一种免除在生产过程中可能伤害人体或毁坏生产条件的偶然事故的环境。在企业中，安全有其复杂的技术性，安全技术和安全管理的要求贯彻于生产的规划、设计、施工、生产、更新全过程。由此可见，安全管理组织同样是一个系统。安全技术和管理的要求要适应企业的生产性质和工艺流程等的特点和要求，并随着生产技术的发展而发展。我们正处在生产技术迅速发展的时代，我们的安全技术和安全管理方面的技术及组织等工作的内容和程度，都要与这种飞速发展相适应。这就要不断地与外部进行安全管理方法理论和信息的交流，并且要不断地改进我们的安全工作。所以安全管理组织同样是一个开放的系统。

② 组织是一个社会技术系统，它不仅包括结构与技术方面，而且也包括心理、社会和管理方面。安全管理本身是一门综合性学科，它要求有广泛的基础知识、专业知识和社会知识。在工业企业里，由人、安全工程、安全技术、安全教育、人机工程、劳动卫生和安全管理等部分组成安全系统工程。显然，这个系统同样是不仅包括结构与技术，而且也包括了心理、社会和管理等方面。

③ 组织是一个完整的系统，是由许多系统组成，并与外部环境相互作用。组织调整各自系统及其与环境的关系。安全管理工作应当从“系统”的角度出发来考虑，才能做好工作。也就是说：安全工作不仅需要研究某些安全工程措施，还必须要全面考虑生产中的安全状态。在一个工业企业中，各个车间、各个职能科室子系统构成一个整体系统，构成系统的所有人员与设备必须在一定的生产环境中互相协调、正常运行，以免出现突发事件，致使职工受到伤害，设备受到损坏，生产受到影响，经济效益受到限制。因此可以说，安全管理工作，不只是安全专职机构的事情，在工业企业同样应有一个安全管理的完整系统。

2. 组织的有形要素与无形要素

组织的要素可分为有形要素和无形要素两类。有形要素是组织构成的物质条件，无形要素是组织构成的精神条件。

(1) 组织的有形要素

① 实现预期目标所需实施的安全工作。组织要达到预定目标，需要通过一系列的工作才能实现，如工业企业要完成生产任务，就必须实现安全生产，各车间和部门都应明确安全责任

制的内容，全体成员都规定了岗位安全责任和安全操作规程，等等。

② 确定实施工作的人员，每个成员要根据其知识、经验、能力、职业、资格与行为，分配适当的工作，规定一定的职责。例如，在工业企业里，厂长的职责中就有：坚决执行并督促所属部门执行国家有关劳动保护的方针、政策、法令、决议、指示和各项规章制度等；车间负责人的职责有：经常检查生产现场的建筑物、机器设备、安全设备、工具、原材料、成品、工作地点及生活室等是否符合安全卫生要求；生产班组长的安全职责有：对本班组工人进行安全操作方法的指导，检查对安全操作细则的遵守情况；小组安全员所规定的职责有：教育工人正确使用各种安全装置和个人防护用品等。

③ 确定工作人员与工作环境的关系。工作人员与工作环境之间的相互关系是由权责系统所决定的，例如，明确某一工作人员与另一工作人员之间的关系，明确组织内某一群体与另一群体的关系等。工作人员与工作环境的关系对成员的心理需要和安全因素有很大的影响。如，在一个生产车间里，正在工作的装配工人、行车司机和指挥人员的关系，不仅存在着各自的心理需要，而且也存在着各自影响的安全因素。

④ 确定必备的物质条件。包括：工作场地、工具、灯光、材料等，及时地向工作人员提供必要的工作条件，是工作人员顺利完成安全工作的保证。从安全技术、安全管理的角度来讲，还要考虑到工作场地的温度、湿度以及尘毒和噪声的影响以及必要的劳动防护用品、安全防护装置等。

(2) 组织的无形要素

① 共同的目的。组织内各单位与成员有着共同的目的，各单位与各个成员都是为了达到共同的目标而结合起来的。共同的目的是组织无形要素中最基本的要素。从安全管理的角度来看，就是安全地实现共同的目标，保护劳动者在生产过程中的安全与健康，满足人们的基本安全需要。

② 工作的主动性与积极性。只有组织内的各单位与各个成员充分发挥工作的主动性与积极性，才能实现组织的大目标；否则就难以达到组织的预定目标，各单位与个人的共同目的也不能达到。在安全管理上也一样，安全生产要求是实现组织大目标的重要条件。所以只有组织实现生产安全，个人的安全在生产过程中才会得到保障。

③ 良好的人际关系。只有组织内单位与单位之间、成员与成员之间具有良好的人际关系，才能使大家在很好的精神状态下工作和生产，不仅有利于组织目标的实现，而且有利于做到“生产必须安全”的要求。

④ 通力协作。组织内各单位与各个成员根据工作需要进行适当分工，大家同心协力、密切合作，只有这样才能有利于安全生产保证组织大目标的实现。如果各行其是，相互间不协调，就会影响组织大目标的实现，发生各类事故。

3. 研究组织对安全管理的重要意义

实现安全生产有赖于企业对生产活动进行有效的安全管理。因为安全生产方针及政策、法令和各种安全技术措施不可能自动实现，而必须通过一定的机构和人员去组织贯彻、执行和实施。因此，研究组织和组织心理对安全管理工作具有重要的意义。归纳起来，有以下几点：

(1) 有利于提高安全管理水平，并保证组织目标的实现

我国的工业基础较差，科学技术还比较落后，安全技术是生产技术的一个组成部分，它是随着生产技术的进步而发展的。我国目前的工业生产和科学技术还不如工业发达国家，这种客观现实影响着企业劳动条件的改善，同时我国的安全生产法制建设还刚刚起步，有的规章制度在贯彻落实方面还有待进一步加强；再就是我国虽然已经形成了有效的管理体制，但科学的安全管理方法还需要进一步提高。为此，需要依靠组织，即国家、社会来帮助企业提高安全管理的水平。

(2) 有利于满足职工的安全需要，大大调动职工的积极性

从组织的效率原理来看，组织能否巩固和发展，关键在于能否激发成员的动机，实现安全生产组织目标而努力奋斗。成员的士气就是组织的生命，怎样激励职工，既能满足其个人安全需要，又有利于实现组织的安全生产目标，这就是我们要研究组织行为在安全管理上的作用的意义。

(3) 有利于发挥组织作用，搞好安全管理工作

从管理上，组织作用可分为两种形式：一是静态的组织；另一种是动态的组织。除生产力的组织外，生产关系组织以及人员分配、单位划分、机构设置等都属于静态的组织。企业的生产经营活动是一个复杂的运动过程，高度社会化的现代化企业各项工作既分工又协作，生产过程的各个环节，一环扣一环紧密配合，因此，又有一个极其错综复杂的动态组织问题，特别是人的思想、动机。引导人的行为，把所有成员都很好地组织起来、调动起来，提高对安全生产重要性的认识，帮其增强安全意识，熟练地掌握和运用各种专业安全技术；并且根据组织行为的规律性综合生产过程的每一个实际情况，研究、制定、落实、推行各种安全科学管理制度和安全操作规程。这样，安全管理工作水平就能不断地得到提高。

第二节　行为抽样技术

一、概　述

应用安全行为科学的重要基础工作之一是通过行为抽样技术，了解职工安全行为的状况。其中掌握行为失误率数据是一个重要的方面。

行为抽样技术被应用于安全管理中，其作用是了解职工的安全行为状况，从而为安全管理提供依据和工作方向。

行为抽样是以随机抽样的统计原理为基础，通过对整体中的一部分进行观测，能够预料整体的情况，它是在一系列瞬时随机观测的基础上，使用统计测定技术来评价一定范围内的生产活动的情况。

行为抽样是用于安全管理的一种有效、省时的方法。假如要确定某一操作个人或一个车间里面某一工种、一批人在生产过程中不安全行为的时间或操作次数的百分比。确定这些数据的一种办法是进行全面调查，即整天观测这个工人或这群工人的工作情况。显然，由于工作量很大，要精确做到全面的观察或调查是很难做到的。如果有一种方法，经过合理的设计，使之仅对观察或调查对象的部分时间或操作情况进行观测，所获得的结果也能说明其总体的情况，这种测定就是抽样测定，也称抽样调查。对于行为的调查，就是行为抽样。

二、行为抽样的基本理论

要达到高效、省时、经济，又要精确、合理，行为抽样就要遵循一定的理论规律，这就是概率理论、正态分布和随机原理。

概率理论。人的行为是随机现象，概率理论是研究随机现象的，随机现象的特点是对于单次或个别试验是不确定的，但在大量的重复试验中，却呈现出明显的规律性。人的行为就具有这样的特点，失误或不安全行为也具有这样的特点。

正态分布。为了使调查的数据可靠、准确，在设计抽样的样本时，以正态分布为理论基础，其置信度和精确度都以正态分布的参数为基础。

随机性。行为抽样要求随机确定观测或调查的时间，随机确定测定对象，而不能专门安排和有意识的设计研究或调查对象和时间或地点，这样随机确定的样本数据才具有客观的合理性。

三、抽样技术

对于调查不安全行为抽样技术的步骤是：

① 将要调查或研究的车间、工种或部门操作的不安全行为定义出来，并列出清单。

② 根据已有的抽样结果或通过小量的实验观测，初步确定调查样本的不安全行为比例 P 值。

③ 用下式确定此次抽样调查的总观测样本数 N：

$$N = 4(1-P)/(S^2 \cdot P)$$

式中：P 是初步确定的不安全行为的比例，S 是调查精度，一般不安全行为的抽样可取 $S=0.1 \sim 0.2$(即 10%～20%)。

④ 根据调查对象的工作规律，确定抽样时间，即确定每小时的调查观测次数和观测的具体时间。

⑤ 根据随机原则，确定观测的对象，即观测某个人或生产班组。可以根据调查的目的和要求，采用正规的随机抽样法，或使用分层随机抽样法。

⑥ 通过进行所需次数的随机观测，将观测到的生产行为结果——安全和不安全行为的情况，分类记录下来。

⑦ 计算出不安全行为的百分比：P=不安全行为的次数/观测总数。

⑧ 通常每月重复一次以上步骤的抽样调查，持续 50 周。

⑨ 根据每次抽样调查获得的不安全行为比例数值，进行控制图管理。

⑩ 通过控制图的技术，分析生产一线工人的安全行为规律，并提出改进安全生产状况、预防失误导致事故的对策、措施和办法。

第三节　安全行为科学的应用分析实例

一、一起机械事故的行为分析

事故经过：2001 年 1 月 28 日 0 时 30 分，硫铵车间化工一班值长陈某、班长秦某，以及尹某、王某等人值夜班，交接班后，各自到岗位上班。陈某、秦某俩人工作职责之一包括到磷酸工段巡查，尹某系盘式过滤机岗位操作工，王某系磷酸工段中控岗位操作工，其职责包括对过滤机进行巡查。5 时 30 分，厂调度室通知工业用水紧张，磷酸工段因缺水停车。7 时 40 分，陈某、尹某、王某 3 人在磷酸工段三楼（事发地楼层）疏通盘式过滤机冲盘水管。处理完毕后，7 时 45 分左右系统正式开车，陈某离开三楼去其他岗位巡查，尹某在调冲水量及角度后到絮凝剂加料平台（距二楼楼面高差 3 m）观察絮凝剂流量大小。尹某当时看到王某在三楼过滤机热水桶位置处。经过 1 分多钟，尹某突然听见过滤机处发生惨烈的叫声，急忙跑下平台楼到操作室关掉过滤机主机电源，然后跑出操作室看见王某倒挂在过滤机导轨上。尹某急忙呼叫值长陈某和几个工人，一齐紧急施救。当时现场情况是：王某面部向上倒挂在盘过导轨上，双手在轨外倒垂，双脚在导轨（固定设施）和平台（转动设备，已停机）之间的空当（200 mm）内下垂，大腿卡在翻盘叉（随平台转动设备）与导轨之间，已明显骨折。施救人员迅速倒转过滤机后将王某取出，并抬到磷酸中控室（二楼），经紧急现场抢救，王某终因伤势过重于 8 时 25 分死亡。

经事故调查小组多次现场考证、比较、分析，一致认为致伤原因如下：

① 死者王某自身违章作业是导致事故发生的主要直接原因：一是王某上班时间劳保穿戴不规范，纽扣未扣上，致使在观察过程中被翻盘滚轮辗件难以脱身，进入危险区域；二是王某在观察铺料情况时违反操作规程，未到操作平台上观察，而是图省事到导轨和导轨主柱柱侧危险区域，致使伤害事故发生。

② 王某处理危险情况经验不足，精神紧张是导致事故发生的又一原因。当危险出现后，据平台运行速度和事后分析看，王某有充分的时间和办法脱险。但王某安全技能较差，自我防范能力不强。

③ 车间安全教育力度不够，实效性不强，是事故发生的又一原因。王某虽然参加了三级安全教育，且现场有规章、有标语，但出现危险情况后，其针对性、适用性不够，这说明车间安全教育力度、深度和实效性不高，有待加强。

④ 执行规章制度不严是事故发生的又一原因。通过王某不穿戴劳保用品进入危险区域作业可以看出，虽然现场挂有操作规程，但当班人员对王某的行为未及时纠正，说明职工在“别人的安全我有责”和安全执规、执法上还有死角，应当引以为戒。

二、挫折发生后对情绪和行为的影响

某单位一名女青年，平时工作热情，个性活泼。某天当她用自行车带母亲外出时，因发生车祸，母亲因此丧生。母亲丧生后，她精神上受到了严重打击，产生挫折情绪，从一个活泼、热情的青年，变为另一种极端个性。在很长一段时间里，情绪极度低落，工作和生活无热情，行为差错频繁，身体还处于病态之中。

显然，女青年的悲哀情绪是由于惨痛的事故引起的。失去母亲本身就是生活中最大的不幸，意外的车祸使她受到精神的挫折，加之自己承担了一定的责任，被人称作“丧门星”。情绪上的不平衡还导致了生理上的不平衡（病态）。

经过单位领导的分析，应用一定的行为科学理论指导来解决这位女青年的问题。首先是使之脱离挫折的客观情境，即安排新的居住点，不让其路过事故点，不让其在原居住点生活；二是进行心理开导，即经常与之谈心，安排其参加集体活动，与青年人多交往；三是进行必要的生理治疗。在对其进行一段时间的指导后，该青年女工重新激起了生活的勇气和热情，变为一个安全生产的积极分子。

这件事说明，受挫折后，人的情绪对工作、生活、安全都会发生重要的影响，作为领导和组织部门，要注意应用行为科学和心理学的知识进行科学的引导和对症管理，这样能起到很好的效果。

三、飘带的启示——安全环境对工作心理的作用

美国得克萨斯州有一家工厂的工人，一直埋怨他们所在的车间太闷热，工业卫生条件差，因而生产情绪很受影响。于是工厂管理者派人对空调设备进行了仔细的检查，发现设备运转正常，气温和湿度也符合工业卫生要求。问题出在哪里呢？厂方请来了环境心理学家会诊。经过认真调查，终于查出了“毛病”所在。原来这些工人大多都来自农村，他们习惯在露天工作，从未在无窗的现代化厂房里工作过，所以一进车间就感到气闷。况且厂房的空调通风口装在 50 米高的天花板处，无怪他们感觉不到空气在流动。后来环境心理学家提议有关部门在空调通风口处悬上一些飘带，这样凉风吹来，飘带不断飘动，工人们在“看”到风后，从心理上会产生一种自慰感，即我们不是在“闷热的罐头”里干活，而是在空气流动的自然空间里工作。工厂随即在空调通风口装上了飘带，结果工人抱怨消失，生产情绪也正常了。这个案例说明了环境心理对人行为的重要影响。

四、美国公司推行的“自我管理”

美国公司素以注重管理艺术著称。自电子计算机问世以来，美国公司在实行系统科学管理方面一直处于领先地位。据最近一份调查显示，不少美国公司在改善企业经营管理的过程中认识到“人的因素”的重要性。这些公司尝试采取“工人自我管理”形式，取得了一定的成绩。

所谓“工人自我管理”，指的是“参加式管理”，其目的在于刺激工人的干劲和责任心。一家美国公司的具体做法是：根据生产、维修质量、安全管理等不同业务的要求和轮换班次的需要，把全厂职工以 15 人一组分成 16 个小组，每组选出两名组长，一位组长专门抓生产线上的问题，另一位负责培训、召集讨论会和做生产记录。厂方只制定总生产进度，各小组以总进度为参照，自行安排组内人员的工作。小组还有权决定组内招工和对组员的奖惩。该厂抛弃了其他工厂通常采用的每周 5 天、40 小时的工作制。改为职工以组为单位轮换每天工作 12 小时，每周 3 天工作、3 天轮空，然后白班、夜班对调。据调查，该厂实行“自我管理”后生产率激增，成本低于其他厂。还有一家厂，为推行“自我管理”设置了一个机构，取名“百人俱乐部”，代表全厂职工施行包括工人的表现和对出勤率、安全生产、有创见的职工颁发奖金、奖品。“百人俱乐部”成立一年，企业生产率提高了 3.4 %，上、下级冲突减少了 73 %，还减少了事故，共为公司节约开支 160 万美元，平均每个职工每年节省 0.5 万美元。这家公司还向职工公布了这笔细账，使他们了解迟到、停机、发生事故带来的损失，意识到如不努力，公司随时都可能在激烈的竞争中垮台，而他们自己则会沦为失业者。这种自我管理正是现代安全管理的一个重要目的，即变传统的被动管理为主动管理，变“要我安全”为“我要安全”。

本章小结

本章主要论述了安全行为科学的具体应用。在学习的过程中，要深入理解如何将安全行为科学知识应用到分析事故原因中，进行现代安全管理、安全宣传教育、安全文化建设等，为以

后的安全工作打下基础。

自我小结

自测题

1. 安全行为科学主要应用在哪些方面?
2. 如何应用行为科学指导分析事故的责任?
3. 如何应用行为科学进行安全的科学管理?
4. 如何应用行为科学的道理指导安全班组的建设?
5. 运用安全行为科学进行安全宣传与教育?
6. 如何应用行为科学提高安全专业人员的素质?
7. 研究组织和组织心理对安全工作的意义?
8. 行为抽样技术的基本理论是什么?
9. 行为抽样技术应用于安全领域的作用是什么?

自测题参考答案

1. 全行为科学可应用于安全管理、安全教育、安全宣传、安全文化建设等,也可以为提高安全专业人员和职工的素质服务。

2. 在安全管理上,在对待事故责任者的分析判断上,要从分析行为与动机的复杂关系入手。首先,在分析一起事故责任者的行为时,要全面分析个人因素与环境因素相互作用的情况;其次,在分析个人因素时,要同时分析其外在表现与内在动机。

3. (1) 用安全行为科学指导工作安排。

(2) 科学应用管理手段。

(3) 进行合理的班组建设。

4. 在考虑班组人员的构成上,为使团体行为协调、安全和高效,要研究人员结构效应,如需要考虑班组成员的价值观趋同、气质互补、和性格互补的搭配等问题。

5. 从行为科学的角度,利用心理学、社会学、教育学和管理学的方法和技术,进行安全宣传与教育。如可利用认知技巧中的第一印象作用和优先效应强化新工人的“三级”教育;应用意识过程的感觉、知觉、记忆、思维规律等,设计安全教育的内容和程序;利用安全意识规律,通过宣教的方法来强化人们的安全意识。

6. 首先,安全监管人员应当具有工作所必需的道德品质。其次,安全监管人员必须要有良好的分析问题的能力。只有在实践中锻炼、学习,才能提高自己的心理素质和品质。安全监管人员还需要懂得心理学的一般知识。安全管理与监察工作者在完成自己的职责时,还需要适应各种不利的条件,这个适应包括善于抛开某种刺激物,善于抑制各种消极性情,只有建立在对智力、意志和情绪的品质进行训练基础上的适应性,才能很好地完成复杂和多种的安全分析、事故处理等活动。

7．研究组织和组织心理对安全工作的意义：

（1）有利于提高安全管理水平，并保证组织目标的实现。

（2）有利于满足职工的安全需要，大大调动职工的积极性。

（3）有利于发挥组织作用，搞好安全管理工作。

8．行为抽样技术的基本理论有概率理论、正态分布和随机原理。

9．行为抽样技术是应用安全行为科学的重要基础工作之一，其作用是了解职工的安全行为状况，从而为安全管理提供依据和工作方向。

试题库及答案

试题库

第一套：

“安全行为科学”课程考试卷　A卷

（开　卷）

班级：　　　　　　　　学号：　　　　　　　　姓名：　　　　　　　　成绩：________

一、选择题(每题5分)

1. 与人的安全行为相关的社会心理因素是什么？
   A. 气质、性格、情绪、能力、兴趣等　　B. 社会知觉、角色、价值观等
   C. 风俗、时尚等　　D. 光亮、气温、气压、湿度、风速、空气含氧量等
2. 影响人的安全行为的个性心理因素有哪些？
   A. 气质、性格、情绪、能力、兴趣等　　B. 社会知觉、角色、价值观等
   C. 风俗、时尚等　　D. 光亮、气温、气压、湿度、风速、空气含氧量等
3. 安全行为科学分析的人的行为模式有：
   A. 感情人行为模式　B. 生理行为模式和社会行为模式　C. 行为理论模式
4. 指出以下哪些心理现象是事故心理现象？(多选)
   A. 侥幸心理　B. 蛮干心理　C. 逞能心理　D. 麻痹心理
   E. 好奇心理　F. 谨慎心理　G. 认真心理　H. 负责心理
5. 激励人行为的理论有哪些？(多选)
   A. X－Y理论　B. 双因素理论　C. 事故倾向理论
   D. 行为差错理论　E. 强化理论
6. 行为处罚的方式有哪些？(多选)
   A. 行政处罚　B. 经济处罚　C. 责任处罚　D. 刑事处罚

二、问答题(每题6分)

1. 根据事故心理结构测定理论，事故心理因素有几种？试列举出5种事故心理名称。
2. 人行为激励的方法有哪些？什么是行为激励的双因素理论？
3. 安全行为科学的目的是什么？
4. 试说出人的社会学行为模式的因素及关系？
5. 安全行为科学与安全人机工程学的关系及特点是什么？

三、分析论述题(每题20分)

1. 试用安全行为科学理论分析我国道路交通违章现象。
2. 如何应用安全行为科学的理论进行现代安全科学管理。

(作业报告按30%计算;本试卷按70%计算)

“安全行为科学”课程考试卷　B卷

（开　卷）

班级：　　　　学号：　　　　姓名：　　　　成绩：________

一、选择题(每题5分)

1. 在作业过程中，影响人的安全行为的环境因素有哪些？
   A. 气质、性格、情绪、能力、兴趣等　B. 社会知觉、角色、价值观等
   C. 风俗、时尚等　D. 光亮、气温、气压、湿度、风速、空气含氧量等
2. 从人的社会属性出发，根据安全行为科学的人的行为模式分析，人行为的来源是什么？
   A. 人的需要　B. 金钱　C. 外部刺激
3. 下面列举的心理现象中，哪些是安全心理现象？（多选）
   A. 侥幸心理　B. 蛮干心理　C. 事业心　D. 麻痹心理
   E. 好奇心理　F. 谨慎心理　G. 责任心
4. 请选择出以下哪些措施能够控制人的不安全心理？（多选）
   A. 优先效应　B. 避免蛮干心理　C. 克服侥幸心理
   D. 抑制烦躁心理　E. 现场警告
5. 激励人行为的理论有哪些？（多选）
   A. X－Y 理论　B. 双因素理论　C. 事故倾向理论
   D. 行为差错理论　E. 强化理论
6. 行为处罚的方式有哪些？（多选）
   A. 行政处罚　B. 经济处罚　C. 责任处罚　D. 刑事处罚

二、问答题(每题6分)

1. 试写出测定人事故心理指数的数学表达式。
2. 人行为激励的方法有哪些？什么是行为激励的双因素理论？
3. 安全行为科学的研究对象是什么？
4. 试说出人的安全观念的内涵。
5. 安全行为科学在安全科学体系中的地位和作用是什么？

三、论述题(每题20分)

1. 试用安全行为科学理论分析自己身边的违章现象。
2. 如何将安全行为科学的理论和方法应用于生产现场的管理中。

（作业报告按30％计算；本试卷按70％计算）

第二套：

课程号：________

“安全行为科学”期末考试试卷　A卷

考试形式：闭卷考试　　考试时间：120分钟

班号________　学号________　姓名________　得分________

题号	一	二	三	总分
得分				

一、选择题（每题2分，总20分）

1. 在作业过程中，影响人的安全行为的环境因素有哪些？
   A. 气质、性格、情绪、能力、兴趣等　B. 社会知觉、角色、价值观等
   C. 风俗、时尚等　D. 光亮、气温、气压、湿度、风速、空气含氧量等
2. 从人的社会属性出发，根据安全行为科学的人的行为模式分析，人行为的来源是什么？
   A. 人的需要　B. 金钱　C. 外部刺激
3. 下面列举的心理现象中，哪些是安全心理现象？（多选）
   A. 侥幸心理　B. 蛮干心理　C. 事业心　D. 麻痹心理
   E. 好奇心理　F. 谨慎心理　G. 责任心
4. 请选择出以下哪些措施能够控制人的不安全心理？（多选）
   A. 优先效应　B. 避免蛮干心理　C. 克服侥幸心理
   D. 抑制烦躁心理　E. 现场警告
5. 激励人行为的理论有哪些？（多选）
   A. X－Y理论　B. 双因素理论　C. 事故倾向理论
   D. 行为差错理论　E. 强化理论
6. 行为处罚的方式有哪些？（多选）
   A. 行政处罚　B. 经济处罚　C. 责任处罚　D. 刑事处罚
7. 指出以下哪些心理现象是事故心理现象？（多选）
   A. 侥幸心理　B. 蛮干心理　C. 逞能心理　D. 麻痹心理
   E. 好奇心理　F. 谨慎心理　G. 认真心理　H. 负责心理
8. 用哪些方法来研究人的行为特性？（多选）
   A. 实验法　B 访谈法　C. 观察法
   D. 引诱法　E. 问卷法
9. 人的基本安全素质包括以下哪些内容？（多选）
   A. 安全知识　B. 学历教育　C. 安全技能
   D. 安全意识　E. 安全态度

10. 以下哪些心理表现是安全心理？（多选）

A. 谨慎　　B. 责任心　　C. 紧张

D. 好奇　　E. 侥幸

二、问答题（每题 8 分，总 40 分）

1. 试写出测定人事故心理指数的数学表达式。
2. 人行为激励的方法有哪些？什么是行为激励的双因素理论？
3. 简述人为失误产生的过程。
4. 试说出人的社会学行为模式的因素及关系？
5. 安全行为科学在安全科学体系中的地位和作用是什么？

三、分析论述题（每题 20 分，总 40 分）

1. 试用安全行为科学理论分析自己身边的违章现象。
2. 如何将安全行为科学的理论和方法应用于生产现场的管理中。

（作业报告按 30％计算；本试卷按 70％计算）

课程号：________

"安全行为科学"期末考试试卷　B 卷

考试形式：闭卷考试　　考试时间：120 分钟

班号________　学号________　姓名________　得分________

题号	一	二	三	总分
得分				

一、选择题(每题 2 分，总 20 分)

1. 在作业过程中，影响人的安全行为的环境因素有哪些？
   A. 气质、性格、情绪、能力、兴趣等　B. 社会知觉、角色、价值观等
   C. 风俗、时尚等　D. 光亮、气温、气压、湿度、风速、空气含氧量等
2. 从人的社会属性出发，根据安全行为科学的人的行为模式分析，人行为的来源是什么？
   A. 人的需要　B. 金钱　C. 外部刺激
3. 以下哪一种个性心理不利于安全？
   A. 情绪型的态度　B. 粘液质、安静型的个性　C. 意志型的个性
4. 以下描述中哪一种符合双因素理论的内涵？
   A. 对人行为的激励取决于期望概率和目标效价
   B. 对人行为激励一是用保健因素，二是用激励因素
   C. 对人行为的激励既要用强制的办法；同时还需用引导和激励的办法
5. 有人说：避免人为事故主要取决于教育培训和外部的监管力度，这种说法用安全行为科学理论来分析是正确的吗？
   A. 正确　B. 不正确
6. 以下哪些方法适合用来研究人的行为特性？(多选)
   A. 实验法　B. 访谈法　C. 观察法　D. 引诱法　E. 问卷法
7. 下面列举的心理现象中，哪些是安全心理现象？(多选)
   A. 侥幸心理　B. 蛮干心理　C. 事业心　D. 麻痹心理
   E. 好奇心理　F. 谨慎心理　G. 责任心
8. 请选择出以下哪些措施能够控制人的不安全心理？(多选)
   A. 优先效应　B. 避免蛮干心理　C. 克服侥幸心理
   D. 抑制烦躁心理　E. 现场警告
9. 激励人行为的理论有哪些？(多选)
   A. X－Y 理论　B. 双因素理论　C. 事故倾向理论
   D. 行为差错理论　E. 强化理论
10. 目前我国在安全生产管理中常用的行为处罚的方式有哪些？(多选)
    A. 行政处罚　B. 经济处罚　C. 责任处罚　D. 刑事处罚

二、问答题(每题 6 分)

1. 对人的事故心理指数进行测评的方法是什么？其数学表达式是什么？
2. 对人的行为激励的"期望理论"是什么？试写出其数学模型。
3. 人为失误具有哪些特点？
4. 试说出人的社会学行为模式的因素及关系。
5. 安全行为科学在安全科学体系中的地位和作用是什么？

三、分析论述题(每题 20 分)

1. 试用安全行为科学的理论分析自己身边的违章现象。
2. 如何将安全行为科学的理论和方法应用于生产现场的管理中。

(作业报告按 30%计算;本试卷按 70%计算)

第三套：

“安全行为科学”课程考试卷　A卷

（开　卷）

班级：　　　　　　　学号：　　　　　　　姓名：　　　　　　　成绩：________

一、选择题（每题5分）

1. 与人的安全行为相关的社会因素有哪些？
   A. 气质、性格、情绪、能力、兴趣等　　B. 社会知觉、角色、价值观等
   C. 舆论、风俗、时尚等　　D. 光亮、气温、气压、湿度、风速、空气含氧量等
2. 影响人的安全行为的个性心理因素有哪些？
   A. 气质、性格、情绪、能力、兴趣等　　B. 社会知觉、角色、价值观等
   C. 风俗、时尚等　　D. 光亮、气温、气压、湿度、风速、空气含氧量等
3. 安全行为科学分析人的行为模式有：
   A. 感情人行为模式　B. 生理行为模式和社会行为模式　C. 行为理论模式
4. 指出以下哪些心理现象是事故心理现象？（多选）
   A. 侥幸心理　B. 蛮干心理　C. 逞能心理　D. 麻痹心理
   E. 好奇心理　F. 谨慎心理　G. 认真心理　H. 负责心理
5. 激励人行为的理论有哪些？（多选）
   A. X-Y理论　B. 双因素理论　C. 需要层次论
   D. 行为差错理论　E. 强化理论
6. 下面哪些是行为科学中定义的控制人的认知偏差的技巧？（多选）
   A. 第一印象作用　B. 奖励　C. 优先效应
   D. 晕轮效应　E. 惩罚

二、问答题（每题6分）

1. 根据事故心理结构测定理论分析，事故心理因素有几种？试列举出五种事故心理的名称。
2. 人行为激励的方法有哪些？什么是行为激励的双因素理论？
3. 安全行为科学的研究原则是什么？
4. 试说出人的社会学行为模式的因素及关系。
5. 安全行为科学与安全人机工程学的关系及特点是什么？

三、分析论述题（每题20分）

1. 试用安全行为科学的理论分析我国道路交通违章现象。
2. 如何应用安全行为科学的理论进行现代安全科学管理。

（作业报告按30%计算；本试卷按70%计算）

“安全行为科学”课程考试卷 B卷

（开　卷）

班级：　　　　学号：　　　　姓名：　　　　成绩：________

一、选择题(每题5分)

1. 在作业过程中，影响人的安全行为的环境因素有哪些？
   A. 气质、性格、情绪、能力、兴趣等　B. 社会知觉、角色、价值观等
   C. 舆论、风俗、时尚等　D. 光亮、气温、气压、湿度、风速、空气含氧量等
2. 从人的自然属性出发，根据安全行为科学的人的行为模式分析，人行为的来源是什么？
   A. 人的需要　B. 金钱　C. 外部刺激
3. 下面列举的心理现象中，哪些是安全心理现象？（多选）
   A. 侥幸心理　B. 蛮干心理　C. 事业心　D. 麻痹心理
   E. 好奇心理　F. 谨慎心理　G. 责任心
4. 请选择出以下哪些措施能够控制人的不安全心理？（多选）
   A. 优先效应　B. 避免蛮干心理　C. 克服侥幸心理
   D. 抑制烦躁心理　E. 现场警告
5. 激励人行为的理论有哪些？（多选）
   A. X－Y理论　B. 双因素理论　C. 需要层次论
   D. 行为差错理论　E. 强化理论
6. 下面哪些是行为科学中定义的控制人的认知偏差的技巧？（多选）
   A. 第一印象作用　B. 奖励　C. 优先效应
   D. 晕轮效应　E. 惩罚

二、问答题(每题6分)

1. 试写出测定人的事故心理指数的数学表达式。
2. 人行为激励的方法有哪些？什么是行为激励的双因素理论？
3. 安全行为科学的研究方法是什么？
4. 试说出人的社会学行为模式的因素及关系。
5. 安全行为科学在安全科学体系中的地位和作用是什么？

三、论述题(每题20分)

1. 试用安全行为科学的理论分析自己身边的违章现象。
2. 如何将安全行为科学的理论和方法应用于生产现场的管理中。

（作业报告按30％计算；本试卷按70％计算）

第四套：

课程号：________

“安全行为科学”期末考试试卷　A 卷

考试形式：闭卷考试　　考试时间：120 分钟

班号________　　学号________　　姓名________　　得分________

题号	一	二	三	总分
得分				

一、选择题（每题 2 分，总 20 分）

1. 在作业过程中，影响人的安全行为的环境因素有哪些？
   A. 气质、性格、情绪、能力、兴趣等　　B. 社会知觉、角色、价值观等
   C. 风俗、时尚等　　D. 光亮、气温、气压、湿度、风速、空气含氧量等
2. 从人的自然属性出发，根据安全行为科学的人的行为模式分析，人行为的来源是什么？
   A. 人的需要　　B. 金钱　　C. 外部刺激
3. 下面列举的心理现象中，哪些是安全心理现象？（多选）
   A. 侥幸心理　　B. 蛮干心理　　C. 事业心　　D. 麻痹心理
   E. 好奇心理　　F. 谨慎心理　　G. 责任心
4. 请选择出以下哪些措施能够控制人的不安全心理？（多选）
   A. 优先效应　　B. 避免蛮干心理　C. 克服侥幸心理
   D. 抑制烦躁心理　E. 现场警告
5. 激励人行为的理论有哪些？（多选）
   A. X－Y 理论　　B. 双因素理论　　C. 公平理论
   D. 行为差错理论　E. 强化理论
6. 行为处罚的方式有哪些？（多选）
   A. 行政处罚　　B. 经济处罚　　C. 责任处罚　　D. 刑事处罚
7. 指出如下哪些心理现象是事故心理现象？（多选）
   A. 侥幸心理　　B. 蛮干心理　　C. 逞能心理　　D. 麻痹心理
   E. 好奇心理　　F. 谨慎心理　　G. 认真心理　　H. 负责心理
8. 一般采用哪些方法来研究人的行为特性？（多选）
   A. 实验法　　B. 访谈法　　C. 观察法　　D. 引诱法　　E. 问卷法
9. 人的基本安全素质包括以下哪些内容？（多选）
   A. 安全知识　　B. 学历教育　　C. 安全技能
   D. 安全意识　　E. 安全态度
10. 下列哪些是人为失误的特点：（多选）
    A. 可避免性　　B. 重复性　　C. 潜在性　　D. 可修复性

二、问答题(每题 8 分,总 40 分)

1. 试写出测定人的事故心理指数的数学表达式。
2. 人行为激励的方法有哪些?什么是行为激励的双因素理论?
3. 动机与行为的关系是什么?
4. 试说出人的社会学行为模式的因素及关系。
5. 安全行为科学在安全科学体系中的地位和作用是什么?

三、分析论述题(每题 20 分,总 40 分)

1. 试用安全行为科学的理论分析自己身边的违章现象。
2. 如何将安全行为科学的理论和方法应用于生产现场的管理中。

(作业报告按 30%计算;本试卷按 70%计算)

课程号:________

"安全行为科学"期末考试试卷　B卷

考试形式:闭卷考试　　考试时间:120 分钟

班号________　　学号________　　姓名________　　得分________

题号	一	二	三	总分
得分				

一、选择题(每题 2 分,总 20 分)

1. 在作业过程中,影响人的安全行为的社会心理因素有哪些?
   A. 气质、性格、情绪、能力、兴趣等　　B. 社会知觉、角色、价值观等
   C. 风俗、时尚等　　D. 光亮、气温、气压、湿度、风速、空气含氧量等
2. 从人的社会属性出发,根据安全行为科学的人的行为模式分析,人行为的来源是什么?
   A. 人的需要　　B. 金钱　　C. 外部刺激
3. 以下哪一种个性心理不利安全?
   A. 情绪型的态度　　B. 粘液质、安静型的个性　　C. 意志型的个性
4. 以下描述哪一种符合双因素理论的内含?
   A. 对人行为的激励取决于期望概率和目标效价
   B. 对人行为激励一是用保健因素,二是用激励因素
   C. 对人行为的激励既要用强制的办法;同时还需用引导和激励的办法
5. 有人说:避免人为事故主要取决于教育培训和外部的监管力度,这种说法用安全行为科学理论来分析是正确的吗?
   A. 正确　　B. 不正确
6. 一般采用哪些方法来研究人的行为特性?(多选)
   A. 实验法　　B. 访谈法　　C. 观察法　　D. 引诱法　　E. 问卷法
7. 下面列举的心理现象中,哪些是安全心理现象?(多选)
   A. 侥幸心理　　B. 蛮干心理　　C. 事业心　　D. 麻痹心理
   E. 好奇心理　　F. 谨慎心理　　G. 责任心
8. 请选择出如下哪些措施能够控制人的不安全心理?(多选)
   A. 优先效应　　B. 避免蛮干心理　　C. 克服侥幸心理
   D. 抑制烦躁心理　　E. 现场警告
9. 激励人行为的理论有哪些?(多选)
   A. X－Y 理论　　B. 双因素理论　　C. 公平理论
   D. 行为差错理论;　　E. 强化理论
10. 下列哪些是人为失误的特点:(多选)
   A. 可避免性　　B. 重复性　　C. 潜在性　　D. 可修复性

二、问答题(每题 6 分)

1. 对人的事故心理指数进行测评的方法如何？其数学表达式是什么？
2. 对人的行为激励的“期望理论”是什么？试写出其数学模型。
3. 安全行为科学的研究目的是什么？
4. 试说出人的安全观念的内涵？
5. 安全行为科学在安全科学体系中的地位和作用是什么？

三、分析论述题(每题 20 分)

1. 试用安全行为科学的理论分析自己身边的违章现象。
2. 如何将安全行为科学的理论和方法应用于生产现场的管理中。

(作业报告按 30%计算;本试卷按 70%计算)

第五套：

“安全行为科学”课程考试卷　A卷

（开　卷）

班级：　　　　　学号：　　　　　姓名：　　　　　成绩：________

一、选择题（每题5分）

1. 与人的安全行为相关的社会心理因素是什么？
   A. 气质、性格、情绪、能力、兴趣等　　B. 社会知觉、角色、价值观等
   C. 风俗、时尚等　　D. 光亮、气温、气压、湿度、风速、空气含氧量等
2. 影响人的安全行为的环境因素有哪些？
   A. 气质、性格、情绪、能力、兴趣等　　B. 社会知觉、角色、价值观等
   C. 风俗、时尚等　　D. 光亮、气温、气压、湿度、风速、空气含氧量等
3. 安全行为科学分析的人的行为模式有：
   A. 感情人行为模式　B. 生理行为模式和社会行为模式　C. 行为理论模式
4. 指出以下哪些心理现象是事故心理现象？（多选）
   A. 侥幸心理　B. 蛮干心理　C. 逞能心理　D. 麻痹心理
   E. 好奇心理　F. 谨慎心理　G. 认真心理　H. 负责心理
5. 激励人行为的理论有哪些？（多选）
   A. X－Y理论　B. 双因素理论　C. 事故倾向理论
   D. 期望理论　E. 强化理论
6. 下列哪些属于人为失误中的传输失误？（多选）
   A. 判断差错　B. 错觉　D. 遗漏　E. 决策差错　F. 操作失误

二、问答题（每题6分）

1. 根据事故心理结构测定理论，事故心理因素有几种？试列举出五种事故心理的名称。
2. 人行为激励的方法有哪些？什么是行为激励的双因素理论？
3. 安全行为科学的研究内容是什么？
4. 试说出人的社会学行为模式的因素及关系。
5. 安全行为科学与安全人机工程学的关系及特点是什么？

三、分析论述题（每题20分）

1. 试用安全行为科学的理论，分析我国道路交通违章现象。
2. 如何应用安全行为科学的理论进行现代安全科学管理。

（作业报告按30％计算；本试卷按70％计算）

“安全行为科学”课程考试卷 B卷

（开　卷）

班级：　　　　　　　学号：　　　　　　　姓名：　　　　　　　成绩：________

一、选择题(每题5分)

1. 在作业过程中，影响人的安全行为的个性心理因素有哪些？
   A. 气质、性格、情绪、能力、兴趣等　B. 社会知觉、角色、价值观等
   C. 风俗、时尚等　D. 光亮、气温、气压、湿度、风速、空气含氧量等
2. 从人的自然属性出发，根据安全行为科学的人的行为模式分析，人行为的来源是什么？
   A. 人的需要　B. 金钱　C. 外部刺激
3. 下面列举的心理现象中，哪些是安全心理现象？（多选）
   A. 侥幸心理　B. 蛮干心理　C. 事业心　D. 麻痹心理
   E. 好奇心理　F. 谨慎心理　G. 责任心
4. 请选择出以下哪些措施能够控制人的不安全心理？（多选）
   A. 优先效应　B. 避免蛮干心理　C. 克服侥幸心理
   D. 抑制烦躁心理　E. 现场警告
5. 激励人行为的理论有哪些？（多选）
   A. X－Y理论　B. 双因素理论　C. 事故倾向理论
   D. 期望理论　E. 强化理论
6. 下列哪些属于人为失误中的传输失误？（多选）
   A. 判断差错　B. 错觉　D. 遗漏　E. 决策差错　F. 操作失误

二、问答题(每题6分)

1. 试写出测定人的事故心理指数的数学表达式。
2. 人行为激励的方法有哪些？什么是行为激励的双因素理论？
3. 安全行为科学的研究内容是什么？
4. 试说出人的社会学行为模式的因此及关系。
5. 安全行为科学在安全科学体系中的地位和作用是什么？

三、论述题(每题20分)

1. 试用安全行为科学的理论，分析自己身边的违章现象。
2. 如何将安全行为科学的理论和方法应用于生产现场的管理中。

———————————————————————————————

（作业报告按30％计算；本试卷按70％计算）

第六套：

课程号：________

“安全行为科学”期末考试试卷　A卷

考试形式：闭卷考试　　考试时间：120分钟

班号________　学号________　姓名________　得分________

题号	一	二	三	总分
得分				

一、选择题(每题2分，总20分)

1. 在作业过程中，影响人的安全行为的环境因素有哪些？
   A. 气质、性格、情绪、能力、兴趣等　B. 社会知觉、角色、价值观等
   C. 风俗、时尚等　D. 光亮、气温、气压、湿度、风速、空气含氧量等
2. 从人的自然属性出发，根据安全行为科学的人的行为模式分析，人行为的来源是什么？
   A. 人的需要　B. 金钱　C. 外部刺激
3. 下面列举的心理现象中，哪些是安全心理现象？(多选)
   A. 侥幸心理　B. 蛮干心理　C. 事业心　D. 麻痹心理
   E. 好奇心理　F. 谨慎心理　G. 责任心
4. 请选择出以下哪些措施能够控制人的不安全心理？(多选)
   A. 优先效应　B. 避免蛮干心理　C. 克服侥幸心理
   D. 抑制烦躁心理　E. 现场警告
5. 激励人行为的理论有哪些？(多选)
   A. X－Y理论　B. 双因素理论　C. 事故倾向理论
   D. 期望理论　E. 强化理论
6. 行为处罚的方式有哪些？(多选)
   A. 行政处罚　B. 经济处罚　C. 责任处罚　D. 刑事处罚
7. 指出以下哪些心理现象是事故心理现象？(多选)
   A. 侥幸心理　B. 蛮干心理　C. 逞能心理　D. 麻痹心理
   E. 好奇心理　F. 谨慎心理　G. 认真心理　H. 负责心理
8. 一般采用哪些方法来研究人的行为特性？(多选)
   A. 实验法　B. 访谈法　C. 观察法　D. 引诱法　E. 问卷法
9. 人的安全素质包括以下哪些内容？(多选)
   A. 安全知识　B. 学历教育　C. 安全技能　D. 安全意识　E. 安全态度
10. 下列哪些属于人为失误中的传输失误？(多选)
   A. 判断差错　B. 错觉　D. 遗漏　E. 决策差错　F. 操作失误

二、问答题(每题 8 分,总 40 分)

1. 试写出测定人的事故心理指数的数学表达式。
2. 人行为激励的方法有哪些？什么是行为激励的双因素理论？
3. 行为激励的主要原则是什么？
4. 试说出人的社会学行为模式的因素及关系。
5. 安全行为科学在安全科学体系中的地位和作用是什么？

三、分析论述题(每题 20 分,总 40 分)

1. 试用安全行为科学的理论,分析自己身边的违章现象。
2. 如何将安全行为科学的理论和方法应用于生产现场的管理中。

(作业报告按 30%计算;本试卷按 70%计算)

课程号：________

“安全行为科学”期末考试试卷　B卷

考试形式：闭卷考试　　考试时间：120 分钟

班号________　学号________　姓名________　得分________

题号	一	二	三	总分
得分				

一、选择题(每题 2 分，总 20 分)

1. 在作业过程中，影响人的安全行为的个性心理因素有哪些？
A. 气质、性格、情绪、能力、兴趣等　B. 社会知觉、角色、价值观等
C. 风俗、时尚等　D. 光亮、气温、气压、湿度、风速、空气含氧量等

2. 从人的社会属性出发，根据安全行为科学的人的行为模式分析，人行为的来源是什么？
A. 人的需要　B. 金钱　C. 外部刺激

3. 以下哪一种个性心理不利安全？
A. 情绪型的态度　B. 粘液质、安静型的个性　C. 意志型的个性

4. 以下描述哪一种符合双因素理论的内涵？
A. 对人行为的激励取决于期望概率和目标效价
B. 对人行为激励一是用保健因素，二是用激励因素
C. 对人行为的激励既要用强制的办法；同时还需用引导和激励的办法

5. 有人说：避免人为事故主要取决于教育培训和外部的监管力度，这种说法用安全行为科学理论是正确的吗？
A. 正确　B. 不正确

6. 一般采用哪些方法来研究人的行为特性？(多选)
A. 实验法　B. 访谈法　C. 观察法　D. 引诱法　E. 问卷法

7. 下面列举的心理现象中，哪些是安全心理现象？(多选)
A. 侥幸心理　B. 蛮干心理　C. 事业心　D. 麻痹心理
E. 好奇心理　F. 谨慎心理　G. 责任心

8. 请选择出以下哪些措施能够控制人的不安全心理？(多选)
A. 优先效应　B. 避免蛮干心理　C. 克服侥幸心理
D. 抑制烦躁心理　E. 现场警告

9. 激励人行为的理论有哪些？(多选)
A. X－Y 理论　B. 双因素理论　C. 事故倾向理论
D. 期望理论　E. 强化理论

10. 下列哪些属于人为失误中的传输失误？(多选)
A. 判断差错　B. 错觉　D. 遗漏　E. 决策差错　F. 操作失误

二、问答题(每题6分)

1. 对人的事故心理指数进行测评的方法如何？其数学表达式是什么？
2. 对人的行为激励的“期望理论”是什么？试写出其数学模型。
3. 行为激励的主要原则是什么？
4. 试说出人的社会学行为模式的因此及关系。
5. 安全行为科学在安全科学体系中的地位和作用是什么？

三、分析论述题(每题20分)

1. 试用安全行为科学的理论，分析自己身边的违章现象。
2. 如何将安全行为科学的理论和方法应用于生产现场的管理中。

(作业报告按30%计算;本试卷按70%计算)

试题库答案

第一套：

“安全行为科学”课程考试 A 卷答案

一、选择题(每题 5 分)

1. B;2. A;3. B;4. A,B,C,D,E;5. A,B,E;6. A,B,C

二、问答题(每题 6 分)

1. 10 种，如侥幸、麻痹、偷懒、逞能、莽撞、心急、烦躁、粗心、自满、好奇。
2. 双因素理论、强化理论、X－Y 理论、公平理论等；双因素理论将激励方法分为保健因素和激励因素两大类。
3. 控制人不安全行为；激励人的安全行为。
4. 需要—动机—行为—需要满足—新的需要。
5. 安全行为科学主要是研究人的社会属性，安全人机工程学主要研究自然属性。

三、论述题(每题 20 分)

1. 列举出有意违章和无意违章的现象并加以分析，提出管理的措施。
2. 预防型管理、系统管理、科学管理等。

第一套：

“安全行为科学”课程考试卷 B 卷答案

一、选择题(每题 5 分)

1. D;2. A;3. C,F,G;4. B,C,D;5. A,B,E;6. A,B,D

二、问答题(每题 6 分)

1. 事故心理指数＝(侥幸＋麻痹＋偷懒＋逞能＋莽撞＋心急＋烦躁＋粗心＋自满＋好奇)/(事业感与责任心＋遵守安全规程精神)。
2. 双因素理论、强化理论、X－Y 理论、公平理论等；双因素理论将激励方法分为保健因素和激励因素两大类。
3. 研究个性行为、群体行为和领导行为。
4. 安全第一的哲学观；珍惜生命的情感观；合理安全的风险观；安全生产的效益观；综合效益的价值观；人机环境的系统观；本质安全的科学观。
5. 是对人为因素的控制，避免因人因引起事故。

三、分析论述题(每题 20 分)

1. 列举出有意违章和无意违章的现象并加以分析，提出管理的措施。

2. 检查、督促、教育;责任制度、处罚制度、行为激励、安全文化等。

第二套:

“安全行为科学”期末考试试卷A卷标准答案

一、选择题(每题2分,总20分)

1. D;2. A;3. C,F,G;4. B,C,D;5. A,B,E;6. A,B,D;7. A,B,C,D,E;8. A,B,C,E;9. A,C,D;10. A,B

二、问答题(每题8分,总40分)

1. 事故心理指数=(侥幸+麻痹+偷懒+逞能+莽撞+心急+烦躁+粗心+自满+好奇)/(事业感与责任心+遵守安全规程精神)。
2. 双因素理论、强化理论、X-Y理论、公平理论等;双因素理论将激励方法分为保健因素和激励因素两大类。
3. 人为失误产生的过程,大致可以分为以下三个阶段:
   (1) 输入阶段:感官接收信息;
   (2) 传输阶段:大脑判断和处理;
   (3) 输出阶段:动作或行动。
4. 需要—动机—行为—需要满足—新的需要。
5. 是对人为因素的控制,避免人因引起的事故。

三、分析论述题(每题20分,总40分)

1. 列举出有意违章和无意违章的现象并加以分析,提出管理的措施。
2. 检查、督促、教育;责任制度、处罚制度、行为激励、安全文化等。

“安全行为科学”期末考试试卷B卷标准答案

一、选择题(每题2分,总20分)

1. D;2. A;3. A;4. B;5. B;6. A,B,C,E;7. C,F,G;8. B,C,D;9. A,B,E;10. A,B,D

二、问答题(每题6分)

1. 事故心理指数=(侥幸+麻痹+偷懒+逞能+莽撞+心急+烦躁+粗心+自满+好奇)/(事业感与责任心+遵守安全规程精神)。
2. 期望理论数学模型:激励力=期望概率×目标效价。
3. 人为失误具有以下特点:

(1) 人为失误的不可避免性;(2) 人为失误的重复性;(3) 人引发的失误的潜在性;(4) 人为失

误具有可修复性;(5) 人为失误具有学习改进的能力。
4. 需要—动机—行为—需要满足—新的需要。
5. 是对人为因素的控制,避免人因引起的事故。

三、分析论述题(每题 20 分)

1. 列举出有意违章和无意违章的现象并加以分析,提出管理的措施。
2. 检查、督促、教育;责任制度、处罚制度、行为激励、安全文化。

第三套:

“安全行为科学”课程考试 A 卷答案

一、选择题(每题 5 分)

1. C;2. A;3. B;4. A,B,C,D,E;5. A,B,C,E;6. A,C,D

二、问答题(每题 6 分)

1. 10 种,如侥幸、麻痹、偷懒、逞能、莽撞、心急、烦躁、粗心、自满、好奇。
2. 双因素理论、强化理论、X-Y 理论、公平理论等;双因素理论将激励方法分为保健因素和激励因素两大类。
3. 客观性原则、发展性原则、联系性原则。
4. 需要—动机—行为—需要满足—新的需要。
5. 安全行为科学主要是人的社会研究人的社会属性,安全人机工程学主要研究自然属性。

三、论述题(每题 20 分)

1. 列举出有意违章和无意违章的现象并加以分析,提出管理的措施。
2. 预防型管理、系统管理、科学管理等。

“安全行为科学”课程考试卷 B 卷答案

一、选择题(每题 5 分)

1. D;2. C;3. C,F,G;4. B,C,D;5. A,B,C,E;6. A,C,D

二、问答题(每题 6 分)

1. 事故心理指数=(侥幸+麻痹+偷懒+逞能+莽撞+心急+烦躁+粗心+自满+好奇)/(事业感与责任心+遵守安全规程精神)。
2. 双因素理论、强化理论、X-Y 理论、公平理论等;双因素理论将激励方法分为保健因素和激励因素两大类。

3. 观察法、测验法、问卷法、谈话法等方法。
4. 需要—动机—行为—需要满足—新的需要。
5. 是对人为因素的控制，避免人因引起的事故。

三、分析论述题(每题20分)

1. 列举出有意违章和无意违章的现象并加以分析，提出管理的措施。
2. 检查、督促、教育；责任制度、处罚制度、行为激励、安全文化等。

第四套：

“安全行为科学”期末考试试卷A卷标准答案

一、选择题(每题2分，总20分)

1. D；2. C；3. C，F，G；4. B，C，D；5. A，B，C，E；6. A，B，D；7. A，B，C，D，E；8. A，B，C，E；9. A，C，D；10. B，C，D

二、问答题(每题8分，总40分)

1. 事故心理指数=(侥幸+麻痹+偷懒+逞能+莽撞+心急+烦躁+粗心+自满+好奇)/(事业感与责任心+遵守安全规程精神)。
2. 双因素理论、强化理论、X-Y理论、公平理论等；双因素理论将激励方法分为保健因素和激励因素两大类。
3. 同一动机可引起种种不同的行为；同一行为可出自不同的动机；合理的动机也可能引起不合理甚至错误的行为。
4. 需要—动机—行为—需要满足—新的需要。
5. 是对人为因素的控制，避免人因引起的事故。

三、分析论述题(每题20分，总40分)

1. 列举出有意违章和无意违章的现象并加以分析，提出管理的措施。
2. 检查、督促、教育；责任制度、处罚制度、行为激励、安全文化等。

“安全行为科学”期末考试试卷B卷标准答案

一、选择题(每题2分，总20分)

1. B；2. A；3. A；4. A；5. B；6. A，B，C，E；7. C，F，G；8. B，C，D；9. A，B，C，E；10. B，C，D

二、问答题(每题6分)

1. 事故心理指数=(侥幸+麻痹+偷懒+逞能+莽撞+心急+烦躁+粗心+自满+好奇)/

（事业感与责任心＋遵守安全规程精神）。

2. 期望理论数学模型：激励力＝期望概率×目标效价。

3. 控制人的不安全行为；激励人的安全行为。

4. 安全第一的哲学观；珍惜生命的情感观；合理安全的风险观；安全生产的效益观；综合效益的价值观；人机环境的系统观；本质安全的科学观。

5. 是对人为因素的控制，避免人因引起的事故。

三、分析论述题（每题20分）

1. 列举出有意违章和无意违章的现象并加以分析，提出管理的措施。

2. 检查、督促、教育；责任制度、处罚制度、行为激励、安全文化等。

第五套：

"安全行为科学"课程考试A卷答案

一、选择题（每题5分）

1. B；2. C；3. B；4. A，B，C，D，E；5. A，B，D，E；6. A，E

二、问答题（每题6分）

1. 10种，如侥幸、麻痹、偷懒、逞能、莽撞、心急、烦躁、粗心、自满、好奇。

2. 双因素理论、强化理论、X－Y理论、公平理论等；双因素理论将激励方法分为保健因素和激励因素两大类。

3. 人的安全行为规律的分析和认识；安全需要对安全行为的作用；劳动过程中安全意识的规律；个体差异与安全行为；导致事故的心理因素分析；挫折、态度、群体与安全行为；注意在安全中的作用；安全行为的激励。

4. 需要—动机—行为—需要满足—新的需要。

5. 安全行为科学主要是研究人的社会属性，安全人机工程学主要研究自然属性。

三、论述题（每题20分）

1. 列举出有意违章和无意违章的现象并加以分析，提出管理的措施。

2. 预防型管理、系统管理、科学管理等。

"安全行为科学"课程考试卷B卷答案

一、选择题（每题5分）

1. A；2. A；3. C，F，G；4. B，C，D；5. A，B，E；6. A，E

二、问答题(每题 6 分)

1. 事故心理指数＝(侥幸＋麻痹＋偷懒＋逞能＋莽撞＋心急＋烦躁＋粗心＋自满＋好奇)/(事业感与责任心＋遵守安全规程精神)。
2. 双因素理论、强化理论、X－Y 理论、公平理论等;双因素理论将激励方法分为保健因素和激励因素两大类。
3. 人的安全行为规律的分析和认识;安全需要对安全行为的作用;劳动过程中安全意识的规律;个体差异与安全行为;导致事故的心理因素分析;挫折、态度、群体与安全行为;注意在安全中的作用;安全行为的激励。
4. 需要—动机—行为—需要满足—新的需要。
5. 是对人为因素的控制,避免人因引起的事故。

三、分析论述题(每题 20 分)

1. 列举出有意违章和无意违章的现象并加以分析,提出管理的措施。
2. 检查、督促、教育;责任制度、处罚制度、行为激励、安全文化等。

第六套:

“安全行为科学”期末考试试卷 A 卷标准答案

一、选择题(每题 2 分,总 20 分)

1. D;2. C;3. C,F,G;4. B,C,D;5. A,B,D,E;6. A,B,D;7. A,B,C,D,E;8. A,B,C,E;9. A,C,D;10. A,E

二、问答题(每题 8 分,总 40 分)

1. 事故心理指数＝(侥幸＋麻痹＋偷懒＋逞能＋莽撞＋心急＋烦躁＋粗心＋自满＋好奇)/(事业感与责任心＋遵守安全规程精神)。
2. 双因素理论、强化理论、X－Y 理论、公平理论等;双因素理论将激励方法分为保健因素和激励因素两大类。
3. 行为激励的主要原则:
(1)组织目标与个人目标相结合的原则;
(2)物质激励与精神激励相结合的原则;
(3)正激励与负激励相结合的原则;
(4)民主公正公平原则。
4. 需要—动机—行为—需要满足—新的需要。
5. 是对人为因素的控制,避免人因引起的事故。

三、分析论述题(每题 20 分,总 40 分)

1. 列举出有意违章和无意违章的现象并加以分析,提出管理的措施。
2. 检查、督促、教育;责任制度、处罚制度、行为激励、安全文化等。

"安全行为科学"期末考试试卷 B 卷标准答案

一、选择题(每题 2 分,总 20 分)

1. A;2. A;3. A;4. B;5. B;6. A,B,C,E;7. C,F,G;8. B,C,D;9. A,B,D,E;10. A,E

二、问答题(每题 6 分)

1. 事故心理指数=(侥幸+麻痹+偷懒+逞能+莽撞+心急+烦躁+粗心+自满+好奇)/(事业感与责任心+遵守安全规程精神)。
2. 期望理论数学模型:激励力=期望概率×目标效价。
3. 行为激励的主要原则:
(1)组织目标与个人目标相结合的原则;
(2)物质激励与精神激励相结合的原则;
(3)正激励与负激励相结合的原则;
(4)民主公正公平原则。
4. 需要—动机—行为—需要满足—新的需要。
5. 是对人为因素的控制,避免人因引起的事故。

三、分析论述题(每题 20 分)

1. 列举出有意违章和无意违章的现象并加以分析,提出管理的措施。
2. 检查、督促、教育;责任制度、处罚制度、行为激励、安全文化等。

参考文献

[1] 罗云.安全行为学.北京:中国科学文化音像出版社,2008.
[2] 罗云,程五一.现代安全管理.北京:化学工业出版社,2004.
[3] 李树刚,等.安全科学原理.西安:西北工业大学出版社,2008.
[4] 郭伏,杨学涵.人因工程学.2版.辽宁:东北大学出版社,2005.
[5] 吴甲春.安全文化建设理论与实务.新疆:新疆科学技术出版社,2006.
[6] 罗云.企业安全文化建设——实操创新优化.北京:煤炭工业出版社,2007.
[7] 梁民,张旭.煤矿安全行为学.徐州:中国矿业大学出版社,2006.
[8] 胡君辰,杨永康.组织行为学.上海:复旦大学出版社,2002.
[9] 程立茹,周煊.组织行为学教程.北京:对外经济贸易大学出版社,2007.
[10] 刘鑫.电力企业生产事故人因差错及其心理因素研究.北京:北京交通大学,2006.
[11] 杨大明.人为失误原因分析与控制对策研究.中国安全科学学报,1997(7).
[12] 李伟昌.企业激励方法研究.哈尔滨:哈尔滨工程大学,2003.
[13] 黄明霞,王永刚.安全管理中的激励因素.安全与环境学报,2006,6:57-59.
[14] 田华.激励理论及电力企业激励管理研究.重庆:重庆大学,2006.
[15] 李强.企业员工激励机制研究.山东:山东大学,2005.
[16] 罗云.现代安全管理.2版.北京:化学工业出版社,2010.
[17] 罗云.现代安全管理理论.北京:中国工人出版社,2003.
[18] 罗云.中西安全文化与安全意识的差异.劳动保护,2004(6).
[19] 罗云.现代安全管理——理论、模式、方法、技巧.中国劳动保护科技学会,1997.
[20] 余关棋.企业班组安全管理.杭州:浙江人民出版社,1990.
[21] 苗久合,等.塑造本质型安全人.北京:煤炭工业出版社,2006.